化学工业出版社“十五五”普通高等教育规划教材

无机化学实验

李静 周文峰 魏芸 主编

WUJI HUAXUE SHIYAN

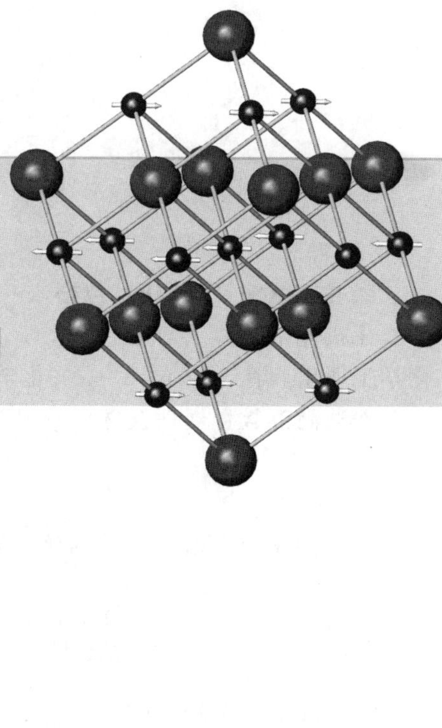

化学工业出版社
·北京·

内容简介

《无机化学实验》共分为两大部分。基础部分包括无机化学实验的基础知识、基本操作、常用仪器的使用方法等；实验部分按四个层次安排内容，包括10个基础实验、10个制备提纯实验、8个性质实验以及12个创新综合设计实验。全书通过“熟悉基础操作→综合能力提高→创新设计探究”的三阶递进模式，培养学生的科学思维与实践能力，实现从“验证式学习”到“研究式探索”的跨越。

本书涵盖了无机化学理论课程所涉及的教学内容，为理解化学理论提供支持和帮助，难度有层次，适合化学及其相近专业学生使用，且所涉及的实验内容有农业院校特色。

图书在版编目（CIP）数据

无机化学实验 / 李静，周文峰，魏芸主编. — 北京 ：化学工业出版社，2026. 3. —（化学工业出版社“十五五”普通高等教育规划教材）. — ISBN 978-7-122-49741-3

Ⅰ. O61-33

中国国家版本馆 CIP 数据核字第 2026UL0204 号

责任编辑：宋林青　　文字编辑：郭雅蓉　师明远
责任校对：宋　玮　　装帧设计：史利平

出版发行：化学工业出版社
（北京市东城区青年湖南街13号　邮政编码100011）
印　　装：涿州市般润文化传播有限公司
787mm×1092mm　1/16　印张 9½　彩插 1　字数 232 千字
2026年3月北京第1版第1次印刷

购书咨询：010-64518888　　售后服务：010-64518899
网　　址：http：//www. cip. com. cn

定　　价：28.00 元　

前言

无机化学实验是衔接理论与实践的桥梁，其目标在于培养兼具扎实技能和创新思维的复合型化学人才，为后续实践或科研奠定基础。随着科技的发展，原来使用的教材已不能完全适应新的培养目标和教学要求。新教材的编写在结合原有基础实验内容的基础上，引入了前沿科学研究成果与现代技术，以适应学科发展，契合新时代人才培养目标，满足国家和社会发展对高素质化学人才的需求。

本教材以“循序渐进、知行合一”为理念，紧密衔接高中化学实验基础，系统构建大学无机化学实验知识体系，为后续分析化学、有机化学、物理化学等实验课程奠定坚实基础，同时融入纳米材料、新能源、生物无机化学等前沿领域实验（如磁性纳米材料制备、碳量子点等），衔接科研与产业应用。本教材在中国农业大学本科生院教材立项的支持下编写，紧密结合课程培养目标、教学大纲及实验安排，在新版培养方案的框架内，结合化学类专业化学实验教学建议内容进行编写，对实验教材的内容进行改革和整合，使得实验教材内容和培养目标、课程目标有机结合起来，并且使整个实验教材体系与理论课程相匹配。

无机化学实验的核心目标在于：深化学生对无机化学基本理论、物质性质及反应规律的理解与应用；系统掌握无机物合成、分离提纯的基本方法，熟练规范使用各类实验仪器；培养对物质组成、结构及其变化的敏锐观察能力，建立微观与宏观性质的联系；形成严谨的科学思维，准确记录实验现象并规范处理数据；强化实验室安全意识与绿色化学理念。因此本实验教材包含：基础操作技术训练（如称量、加热、结晶等）、典型无机物合成实验（如配合物制备）、物质性质验证（如主族/过渡元素特性）以及综合设计性实验。通过系统训练，学生既能夯实“物质制备-提纯-检测”的全链条实验能力，又能培养创新思维、科学态度和协作精神，为后续专业学习奠定扎实基础。

本教材将农业科学需求、产业应用场景和可持续发展理念深度融入实验设计、案例选取和能力培养中，实现化学基础与农业科技的有机结合。教材所选择实验内容充分体现农业院校专业特色。实验内容与农业场景结合，比如土壤、肥料、农药相关实验；突出涉农物质分析，比如土壤中的元素分析检测、重金属吸附和光催化降解污染物等；还考虑农业资源利用，如秸秆转化生物碳、土壤改良等。

本教材由中国农业大学李静、周文峰和北京化工大学魏芸主编，具体内容安排及修改定稿由主编共同完成。参加本书编写的有（按姓氏拼音顺序）：高海翔（实验33）、李静（1.3、2.2.1，实验4、5、7、9、21、22、27）、林燕（2.1，实验20）、鲁润华（实验32）、魏芸（实验37～40）、肖玉梅（2.2.3、2.2.6、2.2.7，实验1～3、12、26）、熊艳梅（2.2.2、2.2.4、2.2.5，实验8、10）、张葳葳（1.1）、郑冰（实验16、17、19，附录）、郑丽（1.2，实验34～36）、钟廷珺（实验6、11～15、18、23～25、28）、周文峰（实验29～31）。参加编写的还有中国农业大学 2024 级硕士研究生徐文骏。本教材在编写过程中参考了兄弟院校的一些教材并借鉴了其中的部分内容，并得到中国农业大学、化学工业出版社的大力支持和帮助，在此一并致谢。

由于编者水平所限，书中难免有不尽如人意与不妥之处，敬请读者提出宝贵意见。

编者

2025 年 6 月

目录

附录　138

参考文献　145

第 1 章　无机化学实验基础知识

1.1　无机化学实验注意事项

1.1.1　实验室规则

化学实验室中使用的化学试剂很多易燃、易爆，或者具有腐蚀性和毒性，存在着安全隐患，在进行无机化学实验时，必须重视安全问题，决不可麻痹大意。为了防患于未然，进入实验室要自觉遵守下列安全守则：

① 进入实验室必须穿着实验服，戴护目镜，禁止穿短裤、短裙、拖鞋、凉鞋等。实验室内禁止喧哗、打闹嬉戏。禁止将书包、饮用水或食物带入实验室。

② 进入实验室首先要熟悉实验室消防通道、消防设备、安全防护设备、急救箱的存放位置及使用方法。

③ 实验操作须规范，废液统一回收。使用易挥发、易燃、易爆药品要顾及周围环境，保证他人和自身的安全。涉及易挥发、有刺激性或有毒气体（如 H_2S、Cl_2、CCl_4 等）的实验，必须在通风橱内进行，并注意检查实验室通风状况；加热试管时，管口不能对着自己或他人；实验过程中，不得擅自离开，尤其涉及加热反应时，要注意搅拌以防暴沸；具有易挥发和易燃物质的实验，要在远离明火的地方进行，易燃物质加热时应在水浴中进行。

④ 严格按照实验要求做实验，严禁操作未经老师允许的实验。禁止任意混合各种试剂药品，以免发生意外。

⑤ 实验完毕，废纸、玻璃等废弃物应按垃圾分类投放至垃圾桶，不得扔入水槽。实验室所有药品、仪器不得带出室外。离开实验室确保关好水、电、门窗。

1.1.2　安全知识

化学实验室的安全是保障教学任务完成的前提，在学习实验操作之前，不仅要熟悉实验室的规则，还要学习遇到危险后的正确处理方法。

（1）火灾处理

实验室火灾的处理关键在于迅速、正确地采取应对措施，包括使用适当的灭火器材、正确逃生和及时报警，以最大限度地减少人员伤亡和财产损失。

如果火势和范围较大，已经达到人员无法控制的情况下，应立即放弃自行灭火，沿消防通道紧急疏散，并立即拨打 119 电话向消防部门报警。

在火灾发生时，被困人员应保持镇静，选择正确的逃生方法。逃生时经过充满烟雾的路线时，可以使用湿毛巾、湿棉被等物品保护口鼻，并尽量贴近地面撤离，防止烟雾吸入，以免中毒和窒息。当高层建筑发生火灾时，应避免使用电梯，而是选择楼梯通道或其他安全出口进行逃生。如果逃生路线被封锁，应寻找其他安全地点等待救援，切勿盲目跳楼。

如果火势和范围较小，可以立即使用实验室内的灭火器、灭火毯、消防沙等灭火器材进行灭火。根据火源类型选择合适的灭火器，如二氧化碳灭火器、干粉灭火器等。灭火毯具有出色的隔热效果，可以用于扑灭较小的火灾。使用时，只需将灭火毯打开直接覆盖住火源即可。消防沙用于扑灭油类的初起火灾，具有良好的密闭性。使用时，将消防沙覆盖在火源上，以隔绝空气，达到灭火的目的。

（2）创伤处理

首先需要取出伤口内的异物，保持伤口干净。使用碘酒清除伤口周围的污物，然后涂上外伤膏或消炎粉。若伤口严重，可在伤口上部 10 cm 处用纱布扎紧，减慢流血，并立即就医。一般烫伤和烧伤，在伤口处用碘酒消毒，然后涂上烫伤膏或凡士林油，再用纱布包扎。对于化学药品灼伤，根据不同的化学物质采取不同的处理方式，例如酸灼伤应立即用大量水冲洗，然后用 5%的碳酸氢钠溶液洗涤，再用清水洗净，涂上甘油。眼睛灼伤应尽快抹去溅在眼睛外面的化学物质，立即用水冲洗，用洗眼杯或橡皮管套上水龙头，对准眼睛冲洗后，用稀的碳酸氢钠溶液洗涤。对于受玻璃割伤及其他机械损伤，必须先检查伤口内有无玻璃或金属等物碎片，然后用硼酸水洗净，再擦碘酒，必要时用纱布包扎。若伤口较大或过深而大量出血，应迅速在伤口上部和下部扎紧血管止血，立即到医院诊治。强酸触及皮肤而致灼伤时，应立即用大量自来水冲洗，再用 5%碳酸氢钠溶液涂洗。强碱触及皮肤而引起灼伤时，也要先用大量自来水冲洗，再用 5%乙酸溶液或 2%硼酸溶液冲洗。

（3）中毒处理

化学品吸入中毒，需要立即脱离中毒环境，并为其脱去已污染的衣服。根据皮肤和眼睛接触的情况，应立即用大量清水冲洗。松开领扣，保持呼吸通畅，及时就医，清除体内尚未吸收的毒物，对症支持治疗。

对于口服中毒者，如果判断可以催吐，则口服稀硫酸铜溶液，通过刺激使其反复呕吐；如果毒物为强酸、碱、漂白剂、杀虫剂、去污剂等时，不应催吐，应尽快送医院救治。

1.1.3 “三废”处理

无机化学实验室在使用过程中不可避免会产生废液、废气和废渣等，如果随意排放不仅会污染环境，还有可能对人造成伤害，应妥善处理。

（1）废液处理

无机化学实验室的废液主要包括强酸、强碱、重金属、强氧化剂等。常规酸碱溶液可中和稀释后排放；含有重金属的溶液，应根据重金属的不同的性质进行处理，达标后方可排放，例如含有高价铬离子的溶液，可加入铁屑等还原剂，将其还原为三价铬离子后，再加入碱将其沉淀，过滤后清液排放，沉淀回收再处理；强氧化剂类腐蚀性较强的溶液，应先加入适量还原剂，在不对环境造成污染的基础上稀释排放。对于浓度较高的废液应设置分类回收废液桶，将其分类回收后，做好详细记录，并交由专业处理机构处理。

（2）废气处理

实验过程中生成少量有毒气体，或者实验过程中使用挥发性有毒溶剂时，应在通风橱内操作，将有毒气体及时通过排风装置排放到室外，被大气稀释，以免造成室内空气污染。如果产生的有毒废气量较大时，须进行脱气处理。根据有毒气体的性质，选择合适的脱气溶液。例如氯气、H_2S，可选择将其通入碱液进行脱气处理后排放。

（3）废渣处理

实验室产生的固体废弃物根据其危害大小分类处理。实验过程中制备的产品统一回收，不要随意丢弃。实验中用到的手套、滤纸等沾有少量药品的废弃物要投放至分类垃圾桶，统一回收处理。有毒废渣和高危物质，要根据其性质处理后，进行回收统一处理。玻璃碎片以及损坏的玻璃仪器要投放至专门的回收垃圾桶。

1.2 数据处理

1.2.1 数据读取和记录

（1）数据读取

① 关键原则

数据读取时遵循“确定值＋一位估读值”规则。

刻度式仪器(如量筒、滴定管)：记录所有确定刻度值，并估读最小分度的 1/10。例如，50 mL 滴定管最小分度为 0.1 mL，需记录至 0.01 mL(如 24.05 mL)。

数字式仪器(如 pH 计、电子天平)：直接记录显示值，不额外估读。例如，pH 计显示 3.45，直接记录为 3.45，而非 3.450。

数据末尾的“0”不可随意省略。例如，滴定管读数 25.00 mL(四位有效数字)表示精度至 0.01 mL，若写作 25 mL 则表示仅两位有效数字，严重失真。

② 仪器精度与有效数字对应关系

实验仪器的精度由其最小分度值(最小刻度)或数字显示位数决定。记录时需保留所有确定值，并估计最后一位不确定数字(通常为最小分度值的下一位)，具体规则如表 1-1 所示。

表 1-1 常见实验仪器读数规则与示例

仪器类型	最小分度值	有效数字记录规则	正确示例	错误示例
分析天平	0.0001 g	记录至小数点后四位	1.2345 g	1.234 g(少一位)
托盘天平	0.1 g	记录至小数点后一位	12.3 g	12 g(少一位)
50 mL 量筒	1 mL	记录至小数点后一位	25.2 mL	25 mL(少一位)
50 mL 滴定管	0.1 mL	记录至小数点后两位	25.05 mL	25.1 mL(未估读)
pH 计(数字式)	0.01	直接记录显示值	pH＝3.45	pH＝3.5(四舍五入)
分光光度计	0.001	记录至小数点后三位	0.123	0.12(少一位)

（2）记录规范

使用专用实验记录本，记录实验的基本信息，包括实验名称、实验目的、实验日期和时间、实验者姓名、实验材料和试剂、仪器和设备、实验步骤。

采用表格形式记录原始数据，准确记录并注明测量条件和单位。数据记录要求清晰、完整，不得涂改。若发现错误，应在原数据上画横线并标注正确值，避免使用修正液。重复实验需记录所有平行数据，不可仅保留“理想值”。实验中出现异常现象(如沉淀颜色异常、数据突变)需及时备注，便于后续分析。

（3）数据读取与记录步骤总结

① 观察仪器的最小分度值(或数字显示位数)；

② 记录所有确定值，并估读一位不确定值(刻度式仪器)，或直接记录显示值(数字式仪器)；

③ 根据单位换算调整科学记数法，保留有效数字；

④ 标注测量条件(如温度、湿度)及仪器型号。

1.2.2 误差和有效数字

(1) 误差

① 误差的分类与来源

误差按产生方式可分为随机误差和系统误差。

随机误差由偶然因素引起。随机误差始终存在；正负和大小不固定，不可测，无法校正。随机误差的统计规律：当测量次数达到无限多次时，绝对值相等的正误差和负误差发生的频率相等；小误差发生的频率较高，大误差发生的频率较低；测定次数越多，分析结果的平均值越接近于真值。

系统误差由实验系统引起。在对同一被测量进行多次测量过程中，出现某种保持恒定或按确定的方法变化的误差，就是系统误差。系统误差具有单向性、重复性，影响比较固定，可以测定，可以校正。产生系统误差的主要原因有方法误差、仪器误差、试剂误差、操作误差。

② 误差的表示方法

误差可用绝对误差和相对误差来表示。

绝对误差：表示测量值(x_i)与真实值(T)之差，即 $E_i = x_i - T$。在实际测量中，如果真实值不可知，则通常用参考值代替真实值。绝对误差直接反映了偏差的物理量大小，但在不同量级的测量中，无法体现误差的相对重要性。

例如：测量 1.00 g 样品，绝对误差 0.01 g(相对误差 1%)。

测量 100.00 g 样品，绝对误差 0.01 g(相对误差 0.01%)。

结论：绝对误差相同，但小质量样品测量的相对误差显然更大，需结合相对误差评估可靠性。

相对误差：表示绝对误差在真实值中所占的百分率，即 $E_r = (E_i/T) \times 100\%$。相对误差越小，测量结果越精确，适用于不同量级数据的横向比较。同时由上述例子可知，当测量值的绝对误差恒定时，测定的试样量(或组分含量)越高，相对误差就越小，准确度越高。反之准确度越低。

③ 减小误差的方法

a. 一般平行(重复)测定 3～5 次。

b. 舍弃个别误差较大的数据。

c. 校准仪器消除仪器误差。

d. 对照试验——消除方法误差、操作误差。

标准样品对照实验：用含量已知的标准试样或纯物质，以同一方法按完全相同的条件，平行测定，可校正系统误差。

空白实验——消除试剂误差。空白实验是采用和测定试样完全相同的方法、仪器和试剂，但不加入试样的情况下进行的分析实验。所得结果称为空白值，从实验的分析结果中扣除空白值，可消除由试剂、溶剂及实验器皿等引入的杂质所造成的误差。

e. 减少滴定误差：如果要求滴定的 $E_r<0.1\%$，则滴定体积 $V>20$ mL，通常滴定体积控制在 20～30 mL 之间。

f. 减少称量误差：使用万分之一天平称量时，如果要求称量的 $E_r<0.1\%$，则称量样品的 $m>0.2$ g。

(2) 有效数字

① 有效数字的概念

有效数字是既能表达数值大小，又能表明测量值准确程度的数字表示方法，它包括测得的全部准确数字和最后一位可疑数字。例如，用万分之一分析天平称取试样的质量记为 0.5100 g，相对误差为 $\pm(0.0001/0.5100)\times100\%=\pm0.02\%$，不能记成 0.51 g，否则相对误差为 $\pm(0.01/0.51)\times100\%=\pm2\%$。由此可见，有效数字的位数反映了测量和结果的准确程度，绝不能随意增加或减少。

整数中，不能确定 0 是否为有效数字，如 2500 L，因此常用科学记数法明确该整数的有效数字位数，写为 2.50×10^3 L，表示 3 位有效数字。为了养成严谨的科学态度和良好的书写习惯，所有末位为 0 的整数均应写成科学记数法的形式。值得注意的是，有效数字位数在指数表示形式中并未改变。

换算单位时需保持有效数字位数不变。例如，2.50 L(三位有效数字)不能写成 2500 mL，需采用科学记数法表示为 2.50×10^3 mL(三位有效数字)。

② 有效数字的运算

在化学实验数据处理过程中，需对不同测量手段获得的数据进行数学运算，如加、减、乘、除以及对数运算等。这些数据各自的有效数字位数可能存在差异。值得注意的是，在运算后，所得结果的有效数字位数有时会出现增多的现象，然而，这并不意味着测量精度的提高，反而可能导致误差的增加。因此，保留过多的有效数字位数是无意义的，计算过程中应以小数点后位数最少(绝对误差最大的)数据作为依据(对于复杂的多步操作，应当以误差的运算结果确定有效数字)。可将多余的数字舍去，该过程称为数字修约，基本原则如下：采用“四舍六入五成双”规则，该规则规定：

当多余尾数的首位≤4 时，舍去；多余尾数的首位≥6 时，进位；等于 5 时，若 5 后数字有不为 0 的，则进位；若 5 后数字皆为 0，则视 5 前数字是奇数还是偶数，采用“奇进偶舍”的方式进行修约，使被保留数据的末位为偶数。例如，将下列数据修约为四位有效数字：14.2442→14.24，24.4863→24.49，15.0250→15.02，15.0150→15.02，15.0251→15.03。

可多保留一位有效数字进行运算。在大量运算中为了提高运算速度，又不使修约误差迅速累积，可采用“安全数字”。即将参与运算各数的有效数字修约到比绝对误差最大的数据多保留一位，运算后再将结果修约到应有的位数。例如，计算 5.3527、2.3、0.054 及 3.35 的和，按加减法的运算法则，计算结果只应保留一位小数。但在计算过程中可先多保留一位，因此上述数据计算可写成 $5.35+2.3+0.05+3.35=11.05$，计算结果应修约成 11.0。

修约后对有效数字进行运算。

加减法：结果保留与小数点后位数最少的数一致（如 $12.34+0.1=12.4$）。

乘除法：结果保留与有效数字位数最少的数一致（如 $1.23\times4.5=5.5$）。

对数运算：对数尾数的位数应与真数有效数字位数相同，如 $[H^+]=5.2\times10^{-5}$ mol·L^{-1}，则 pH=4.28。

1.2.3 数据处理

（1）舍弃异常值

实验数据中可能会存在一些由于实验操作失误、仪器故障或其他非正常因素导致的误差较大的数据点，这些数据点被称为异常值，处理数据前应将这些异常值舍弃。

（2）列表法

在设计表格时，应包含以下内容：

① 变量名称：明确指出表格中每一列数据代表的物理量或化学量。

② 单位：为每个变量指定合适的测量单位，确保数据的可比性。

③ 测量值：记录实验过程中得到的原始数据，包括重复实验的结果。

表格设计应逻辑清晰，便于数据的比较和分析。

（3）作图法

作图法是通过绘制图表来直观展示实验数据和结果的一种方法。在绘制图表时，应注意以下几点：

① 坐标轴标注：明确标注横轴和纵轴代表的物理量及其单位，如时间(s)、浓度($mol\cdot L^{-1}$)等。

② 数据点分布：确保数据点在图表中分布均匀，避免过于密集或稀疏。

③ 拟合曲线：根据数据点的趋势绘制拟合曲线，如直线、指数曲线等，以反映数据的变化规律。

④ 图例和标题：添加图例和标题，使图表内容一目了然。

（4）专业软件绘图

可以使用 Excel、Origin、MATLAB 等专业软件进行数据绘图和分析，这些软件通常具有以下功能：

① 自动绘图：根据输入的数据自动生成图表，如散点图、折线图等。

② 拟合方程计算：提供多种拟合模型，自动计算拟合方程的参数。

1.3 无机化学实验学习方法

1.3.1 实验要求

无机化学实验是本科生系统接受实验操作训练的第一步，也是学好无机化学的必要手段。通过做实验可以巩固和扩展课堂上所获得的知识，掌握基本的实验操作技能，培养独立工作和分析问题、解决问题的能力，并养成实事求是、严谨的工作态度。

（1）预习

要做好实验首先要做到实验前进行预习，写出预习报告，交给指导教师检查合格后，方可进行实验。

预习报告应简明扼要，内容包括：实验目的，实验原理，实验步骤，思考题。切忌抄书。实验步骤按不同实验要求，用方框、箭头或表格形式表达。通过预习应达到的目的是：弄清本次实验要做什么，如何去做，为什么这样做，不这样做是否可行，还有什么更好的方法能达到同样的目的。通过预习还应基本了解本实验所用仪器的工作原理、用途和正确的操作方法，实验涉及化学药品的 MSDS(material safety data sheet，化学品安全技术说明书)。

(2) 实验过程

实验中应严格按实验内容与操作规程进行。实验时应做到：严格按照教材内容，认真操作，仔细观察，如实记录实验现象(包括气体的产生、沉淀的生成、颜色的变化等) 以及所测实验数据。如果遇到反常现象，应仔细查找原因，在教师指导下重做实验。实验过程中严格遵守安全规则，始终保持肃静、整洁。实验结束后做好清扫工作，摆好仪器、药品，关闭水、电、门窗，经老师检查后再离开实验室。设计新实验和做规定以外的实验时，必须先经指导教师允许。

实验结束后，应严格地根据实验记录，对实验现象进行简明解释，写出有关反应方程式；或根据实验数据进行处理和计算，得出正确结论。写报告应做到文字工整、图表清晰，并按时交出实验报告。对实验中发现的问题，提出自己的见解，对实验内容和方法提出改进意见。

1.3.2 实验报告

(1) 实验报告

包括以下几部分内容(不同性质的实验侧重点稍有不同)：a. 实验名称、实验日期。b. 实验目的。c. 实验原理。d. 实验步骤。尽量采用表格、框图、箭头符号等形式，清晰明了地表示。e. 实验现象和数据记录。表达实验现象要正确、全面，数据记录要规范、完整。f. 数据处理。获得实验数据后，进行数据处理是一个重要环节。g. 实验结果的讨论。对实验结果的可靠程度和合理性进行评价，并解释所观察到的实验现象。h. 问题讨论。针对本实验中遇到的疑难问题，提出自己的见解或收获，也可对实验方法、检测手段、合成路线、实验内容等提出自己的意见。

(2) 实验报告示例

化学实验报告（测定、合成）

实验题目：________________________　　温度________气压________

班级____________姓名____________学号____________日期____________

1. 实验目的

2. 实验原理

3. 实验步骤及现象

4. 结论

5. 问题与讨论

指导教师签名：

化学实验报告（性质）

实验题目：______________________ 温度__________ 气压__________

班级__________ 姓名__________ 学号__________ 日期__________

1. 实验目的

2. 实验原理

3. 实验内容

实验步骤	实验现象	解释	方程式

4. 结论

5. 问题与讨论

指导教师签名：

第 2 章　无机化学实验常用仪器与基本操作

2.1　无机化学实验常用仪器

2.1.1　常用必备仪器

无机化学实验常用必备仪器见表 2-1。在进行无机化学实验之前，应该充分了解并熟悉常用仪器的名称、规格、用途和注意事项。根据实验操作的需要，指导教师应配备好全套实验仪器，学生在开始操作之前需要检查、清点，实验过程中如有损坏，应及时报告指导教师并补充。实验结束后，应该清洗实验用品，清洗干净后按照原样摆放。

表 2-1　普通化学实验常用一般仪器的规格和使用注意事项

名称	图例	规格	用途	注意事项
试管		以管外径(mm)×管长(mm)表示	1. 少量溶液的反应容器 2. 少量气体的收集器	玻璃材质，加热时外壁不能有水，应先均匀受热，加热后不能骤冷，以防试管破裂。装液体积为试管体积的 1/3～1/2
离心管	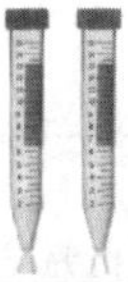	以容积(单位：mL)表示	主要用于性质检验中少量沉淀的固液分离	有塑料和玻璃两种材质，离心管不能直接加热
烧杯		以容积(单位：mL)表示，分为有刻度和无刻度型	用于盛放试剂或用作反应容器	玻璃材质，加热时应放在石棉网上，外壁不能有水，加热后不能骤冷，液体量一般不超过烧杯容量的 2/3
称量瓶		常见规格以外径(mm)×高(mm)表示	准确称量固体样品	不能直接加热，称量时不能直接用手拿取，不用时在磨口处垫上纸片
锥形瓶		以容积(单位：mL)表示	可作为反应的容器或接收器，常用于滴定操作	玻璃材质，加热时应放在石棉网上，外壁不能有水，加热后不能骤冷
滴瓶和胶头滴管		滴瓶以容积(单位：mL)表示，有无色和棕色两种，瓶口配套磨口胶头滴管	用于盛放试剂或溶液	不能直接加热滴瓶，不宜长期盛放浓碱溶液，使用时滴管垂直滴加、不可倒置

续表

名称	图例	规格	用途	注意事项
量筒	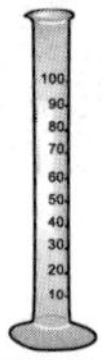	以容积(单位:mL)表示	用于量取一定体积溶液的量器,精度较低	有塑料和玻璃两种材质,不能受热,不能量热的液体,不能用作反应容器和配制溶液的容器
漏斗		以口径(单位:mm)表示	常压过滤或者倾注液体	玻璃材质,不能用火加热
容量瓶	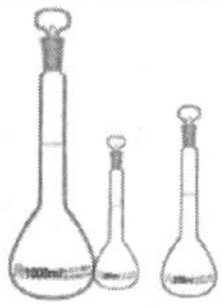	以容积(单位:mL)表示	用于配制准确浓度的溶液	玻璃材质,不能受热,不能用毛刷洗刷,不能用于固体的溶解,不能代替试剂瓶存放溶液
移液管	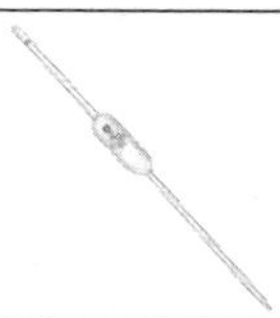	以容积(单位:mL)表示	用于移取准确体积的液体	玻璃材质,不能受热,管口无"吹"字样,使用时末端的溶液不吹出
吸量管		以容积(单位:mL)表示	用于移取准确体积的液体	玻璃材质,不能受热,管口无"吹"字样,使用时末端的溶液不吹出
滴定管	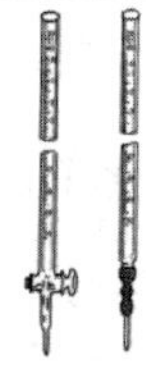	以容积(单位:mL)表示	用于常量分析的滴定操作,可以准确地量取一定体积的溶液	不能量取热的液体,使用前用溶液润洗并排除气泡,酸碱滴定管不能互换使用
抽滤瓶		以容积(单位:mL)表示	和布氏漏斗配套用于减压过滤	玻璃材质,不能用火加热
布氏漏斗		常见规格以直径(单位:mm)表示	和抽滤瓶配套用于减压过滤	陶瓷材质,不能直接加热。使用前准备好大小合适的滤纸,滤纸直径略小于漏斗内径且能盖住所有的孔洞
研钵		以口径(单位:mm)表示	与钵杵配套使用,用于固体物质的研磨或混合	有陶瓷、玻璃、玛瑙等材质,不能用火加热
表面皿		以口径(单位:mm)表示	可以作为容器盛放少量固体试剂、滤纸等,也可以作为盖子,凹面向上,盖在加热容器的上方防止液体溅出	玻璃材质,不能用火加热

续表

名称	图例	规格	用途	注意事项
蒸发皿		以口径(单位:mm)或容积(单位:mL)表示	蒸发浓缩液体	用火直接加热蒸发时要擦干外壁,加热后不能骤冷,蒸发皿内溶液的体积不得超过容积的2/3
坩埚		以容积(单位:mL)表示	用于灼烧固体物质	有陶瓷、石英、铁、镍、铂等材质,瓷质坩埚加热后不能骤冷
坩埚钳		以总长(单位:cm)表示	主要用于夹取坩埚、坩埚盖和蒸发皿等	夹取受热的器皿时应先将钳尖预热,用毕,钳尖应向上放在桌面或石棉网上
细口瓶		以容积(单位:mL)表示	存放液体试剂和储存溶液	不能直接加热,磨口塞要原配,保持清洁,不能在细口瓶中配制溶液,盛放碱溶液时用橡皮塞
广口瓶		以容积(单位:mL)表示	用于盛放固体试剂,棕色瓶用于盛放需避光保存的试剂	不能直接加热,不能盛放碱性试剂
三脚架		以(外径/边长)×高(单位:mm)表示	与石棉网和泥三角配合使用,对烧杯、蒸发皿加热或对坩埚进行灼烧	使用时选择稳定的位置,保证加热容器放平稳,加热时不能触碰,以免烫伤
泥三角		以长×宽(单位:mm)表示	与三脚架配合使用,支承灼烧坩埚或蒸发皿	不能剧烈撞击,以免损坏瓷管,加热时不宜接触铁丝,以免烫伤
点滴板		按凹穴个数表示,一般为4穴、6穴、12穴等	生成少量沉淀或显色现象的反应器皿	不能加热
燃烧匙		由铁杆和铜制小勺铆合而成	盛放可燃性固体物质作燃烧实验反应器	可以直接加热,如果匙中的物质能和铁、铜反应,应在匙底部放一层细沙
石棉网	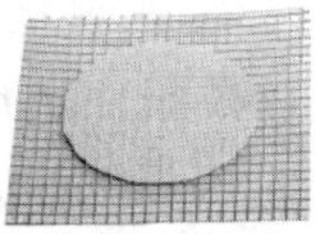	以边长×边长(单位:mm)表示	使加热容器均匀受热	不能接触水,不能打折弯曲

2.1.2 离心机

(1) 工作原理

离心机的离心分离是利用转子高速旋转产生的强大的离心力，加快液体中颗粒的沉降速度，把样品中不同沉降系数和浮力密度的物质分离开的。实验室台式离心机如图 2-1 所示。

（2）使用方法

① 离心机应放置在水平坚固的地板或平台上，并力求使仪器处于水平位置，以免离心时造成仪器振荡。

② 打开电源开关，将预先平衡好的样品对称放置于样品架上，关闭机盖。

③ 旋动定时旋钮设定离心时间，缓慢旋转转速调节旋钮使仪器转速达到预定要求。

④ 离心完毕后，将转速调节旋钮调回零位，关闭电源开关。

⑤ 待离心机完全停止转动后打开机盖，取出离心样品，再关闭机盖。

图 2-1 实验室台式离心机

（3）维护保养

① 离心室的清洁：为了避免样品等残留物的污染，应经常对离心机外壳和离心室进行清洁处理。对离心室清洁，应先拔掉电源线，打开离心机盖，用专用设备将离心机转头旋下，再用 75%乙醇清洁离心室。

② 转头的清洁：转头会被样本残留物污染，也可能会被某些化学试剂腐蚀，因此应及时对转头进行清洁维护。

（4）注意事项

① 离心机应始终处于水平位置，接电压匹配的电源，并要求有良好的接地线，检查机腔有无异物。

② 样品放置以“平衡对称”为原则。

③ 离心机在转动时严禁打开机盖，防止离心管因振动而破裂后，玻璃碎片旋转飞出，造成事故。

④ 挥发性或腐蚀性液体离心时，应使用带盖的离心管，并确保液体不外漏以免侵蚀机腔或造成事故。

⑤ 离心过程中若发现异常现象，应立即关闭电源，报请有关技术人员检修。

2.1.3 酸度计

（1）酸度计的种类

酸度计也称 pH 计，是实验室测量溶液 pH 值的常用仪器。酸度计根据使用形式可以分为笔式酸度计、便携式酸度计、实验室台式酸度计和工厂在线酸度计。根据读数指示形式可分为指针式和数字显示式。

（2）基本原理

pH 即溶液中氢离子活度(一般用浓度代替)的负对数，$pH=-\lg\frac{c(H^+)}{c^{\ominus}}$。酸度计是用电势法测量 pH 值，其基本原理是将一支连有内参比电极的可逆氢离子指示电极和一支外参比电极同时浸入待测溶液中，形成原电池，在一定温度下产生电池电动势。这个电动势与溶液中氢离子活度有关，而与其他离子的存在基本无关。仪器通过测量该电动势的大小，转换为待测液的 pH 值而显示出来。

(3) 酸度计的构成

酸度计由两部分组成：电极和电流计。把对 pH 敏感的指示电极和参比电极放在同一溶液中组成的原电池，其电动势是指示电极和参比电极电势的代数和，数值非常小，且电路的阻抗又非常大。因此，必须使用电流计将信号放大。目前普遍使用的是复合电极，它由连有内参比电极的氢离子指示电极和外参比电极复合在一起构成。pH 复合电极的主要组成如下：

① 玻璃薄膜球泡

由具有 H^+ 交换功能的锂玻璃熔融吹制而成，呈球形，膜厚在 0.1～0.2 mm。

② 玻璃支持管

是支持电极球泡的玻璃管体，由电绝缘性优良的铅玻璃制成，其膨胀系数与电极球泡玻璃一致。

③ 内参比电极

多为 Ag/AgCl 电极或饱和甘汞电极，主要作用是提供稳定的参比电极电势。

④ 内参比溶液

为 pH 恒定的缓冲溶液或浓度较大的强酸溶液，常为 0.1 $mol \cdot L^{-1}$ HCl 溶液。

⑤ 电极壳

电极壳是支持玻璃电极和液接界，盛放外参比溶液的壳体，有塑料外壳和玻璃外壳两种。

⑥ 外参比电极

多为 Ag/AgCl 电极或饱和甘汞电极，其作用也是提供稳定的参比电极电势。

⑦ 外参比溶液

常为饱和 KCl 溶液或 KCl 凝胶电解质。

⑧ 液接界

液接界是外参比溶液和被测溶液之间的连接部件，要求渗透量大且稳定，通常由瓷砂芯材料构成。

⑨ 电极导线

为低噪声金属屏蔽线，内芯与内参比电极连接，屏蔽层与外参比电极连接。

复合电极的玻璃薄膜球泡是一种特殊的玻璃膜，在玻璃膜表面有很薄的水合凝胶层，它只有在充分湿润的条件下才能与溶液中的 H^+ 有良好的响应。同时，玻璃电极经过浸泡，可以使不对称电势大大下降并趋向稳定。另外液接界干涸会使液接界电势增大或不稳定，这就要求参比电极的浸泡液必须和参比电极的外参比溶液一致，因此复合电极在使用之前，需要浸泡在含 KCl 的 pH=4.00 的缓冲溶液中，这样才能对玻璃薄膜球泡和液接界同时起作用。

注意电极球泡前端不应有气泡，如有气泡应用力甩去。pH 复合电极插入被测溶液后，要搅拌晃动几下再静止放置，这样会加快电极的响应。尤其使用塑料外壳 pH 复合电极时，搅拌晃动要厉害一些，因为球泡和塑料外壳之间会有 1 个小小的空腔，电极浸入溶液后有时空腔中的气体来不及排除会产生气泡，使球泡或液接界与溶液接触不良，因此必须用力搅拌晃动以排除气泡。

$$E = K + \frac{2.303RT}{F}\mathrm{pH}$$

式中，E 是工作电池的电动势，在一定温度下酸度计测得的由复合电极和待测液一起构成的原电池的电动势与待测液的 pH 呈线性关系；R 是气体常数，8.314 $J \cdot mol^{-1} \cdot K^{-1}$；$F$ 是法拉第常数，96485 $C \cdot mol^{-1}$。在酸度计使用前，用两个已知 pH 的缓冲溶液为标准试液对仪器进行校正，确定上述公式中的截距和斜率之后，方可用来测试待测液。

如果已知待测溶液为酸性，则可以选择酸性和中性标准缓冲溶液进行校准；如果已知待测溶液为碱性，则可以选择碱性和中性标准缓冲溶液进行校准；如果待测溶液酸碱性未知，则选择酸性、中性和碱性 3 种标准缓冲溶液进行校准。

（4）酸度计的使用方法

目前，实验室常用的酸度计有指针式和数字显示式两种，不同型号酸度计的使用方法略有差异，以 pHS-3C 型酸度计(图 2-2)为例，介绍其使用方法。

① 仪器和电极的安装

a. 使用 220 V 交流电，将电源的插头插到电源插口内，将复合电极的插头插到电极插口内，并夹在电极夹子上。

b. 电极在使用前要按要求浸泡数小时，且不使用时要注意保护电极头。

② 仪器的校正(二点校正方法)

a. 开启仪器电源开关预热 30 min 后进行仪器的校正和测量。

b. 将仪器面板上的“mV/pH”开关置“pH”挡，选择“温度”按钮，并用上下箭头调整为当前室温。

c. 用蒸馏水将电极冲洗干净，用滤纸吸干，将电极放入盛有中性标准缓冲溶液的烧杯内，按下“定位”按钮，调整仪器指示值为此溶液温度下的标准 pH 值并按下“确认”按钮。

d. 把电极从 6.86 标准缓冲溶液中取出，用蒸馏水冲洗干净，用滤纸吸干。根据要测 pH 值的样品溶液是酸性或碱性来选择标准缓冲溶液。例如把电极放入 4.01 标准缓冲溶液中，调节“斜率”按钮，使仪器指示值为该标准缓冲溶液在此溶液温度下的 pH 值，并按下“确认”。

e. pH 校正以后，绝对不能再动“定位”“斜率”按钮，否则必须重新进行仪器 pH 校正。一般情况下，一天进行一次 pH 校正已能满足常规 pH 测量的精度要求。

③ 样品溶液 pH 值的测量

a. 先清洗电极，并用滤纸吸干，将电极放入被测溶液中。

b. 将仪器面板上的“mV/pH”开关置“pH”挡，待屏显数字稳定后，直接读数。

（5）仪器的维护与注意事项

① 仪器的输入端(包括玻璃电极插座与插头)必须保持干燥清洁。

② 新玻璃电极或长期干储存的电极，在使用前应在 pH 浸泡液中浸泡 24 h 后才能使用(pH 浸泡液的配制方法：用 pH 为 4.00 的缓冲剂一包，溶于 250 mL 纯水中，再加入 56 g 分析纯 KCl，加热，搅拌至完全溶解即成)。

③ 使用复合电极时，溶液一定要超过电极头部的陶瓷孔，电极头部若被玷污可用医用棉花轻擦。

④ 忌用浓硫酸或铬酸洗液洗涤电极的敏感部分，不可在无水或脱水的液体中浸泡电极，不可在碱性或氟化物的体系、黏土及其他胶体溶液中放置时间过长，以致响应迟钝。

⑤ 常温电极一般在 5～60 ℃使用，如果在低于 5 ℃或高于 60°时使用，应分别选用特殊

的低温电极或高温电极。

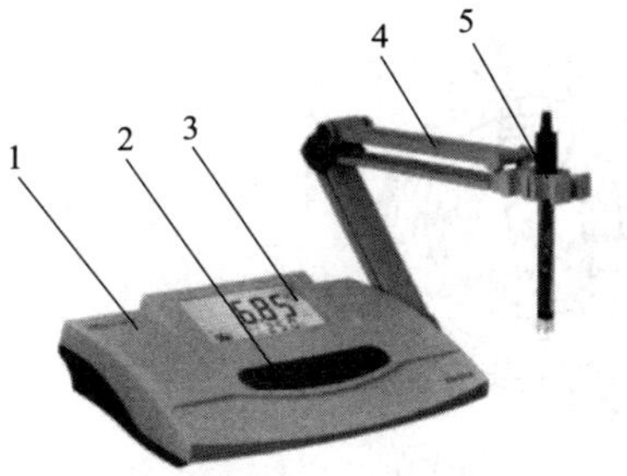

(a) pHS-3C型酸度计的正面

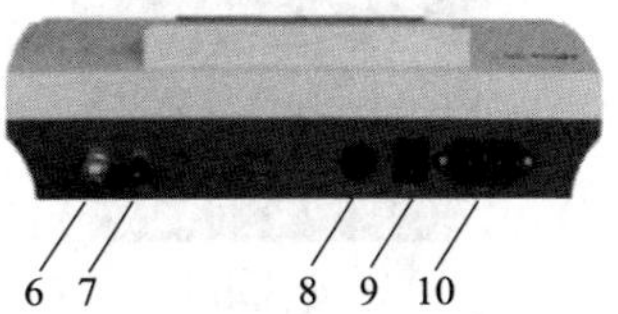

(b) pHS-3C型酸度计的背面

图 2-2 pHS-3C 型酸度计外观结构图

1—机箱；2—键盘；3—显示屏；4—多功能电极架；5—复合电极；6—测量电极插座；
7—参比电极插口；8—保险丝；9—电源开关；10—电源插座

2.1.4 循环水真空泵

（1）基本原理

循环水真空泵是一种利用循环水作为工作流体，通过离心泵叶轮的转动产生强大的力，使水快速旋转形成内部真空的抽气设备。其外部构造如图 2-3(a)所示，内部的泵由叶轮、泵壳、吸气口、排气口等组成，如图 2-3(b)所示。当叶轮旋转时，水被叶轮抛向四周，由于离心力的作用，水形成了一个近似于等厚度的封闭圆环。此时这个圆环内的真空压力变小，叶轮继续旋转就会从吸气口处吸入气体，入口被封闭。吸入的气体也在叶轮的旋转中被压缩。当运转到与排气口相连时，由于在泵体内被压缩的气体压力大，就会把气排出泵外，从而实现抽气、抽真空的功能。

（2）使用方法

① 准备工作　将进水口与自来水水管相连接，加水至指定的水位线，盖好水泵的盖子，插上电源。

② 真空抽气　将实验装置通过橡皮管或硅胶管与循环水真空泵的抽气头相连接，启动电源开关，工作指示灯亮即表示抽气的工作状态。真空泵上的两个抽气头既可单独抽气使用也可并联抽气使用。

③ 循环冷却水　若该泵配有外循环水装置，可将循环水出口连接在冷凝管的进水支管上，循环水入口连接在冷凝管的出水支管上，缓慢开启循环水旋钮开关至适宜流量的位置。

（3）注意事项

真空循环水泵严防倒吸，关机前必须先通大气。在关闭真空泵电源前，务必先打开系统与大气连通的阀门(或拔掉进气口的管路)，平衡压力，防止水箱中的水被瞬间倒吸入实验装置，造成污染或损坏。

2.1.5 分光光度计

（1）工作原理

分光光度计是一种利用物质分子对不同波长的光具有不同的吸收特性而进行定性或定量分析的光学仪器。它主要由光源、分光器、吸收池、检测系统和记录系统五个部分

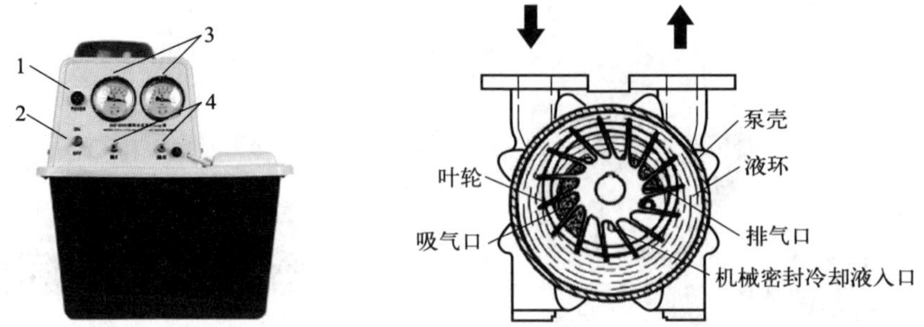

(a) 外部构造　　(b) 内部构造

图 2-3　循环水真空泵

1—工作指示灯；2—电源开关；3—真空表；4—抽气头

构成。其中，光源提供强度较高、辐射能量稳定的连续光谱。在紫外光测定中采用氢灯和氘灯做光源，而在可见光测定中，用钨灯做光源。分光器是分光光度计的核心，其功能在于将光源发出的连续光谱分解为单色光。吸收池是用于盛待测溶液的装置，其制备材料需根据测试是紫外光区还是可见光区而分别选用石英或光学玻璃。检测系统用于检测光信号，并将光信号转变为电信号，最后由记录系统记录或直接由数码管显示出透光率或吸光度。

分光光度计的定性分析：通过对待检测物质进行一定波长范围的光的扫描，然后以波长为横坐标，吸光度为纵坐标，绘制样品的吸收光谱，显示其在不同波长处的吸光能力。物质吸收光谱的形状与它的内部结构紧密相关，因此，将所得吸收光谱与标准物的吸收光谱进行比对，进而实现对样品的定性分析。

分光光度计的定量分析：同样以物质对光有选择性吸收为基础，而且当入射光波长一定时，物质吸光度(A)与溶液的浓度和液层的厚度关系符合朗伯-比尔定律，即

$$A=\varepsilon bc$$

式中，c 为溶液浓度，$mol \cdot L^{-1}$；b 为液层厚度，cm；ε 为摩尔吸收系数，$L \cdot mol^{-1} \cdot cm^{-1}$。于是，通过确定吸收池的规格来固定液层的厚度，并配制一系列适当浓度的标准溶液，按照与被测组分相同的条件显色后，在选定波长下测定其吸光度，然后以吸光度对被测组分浓度作图，便得到工作曲线。测得待测组分的吸光度后，查图或通过拟合方程计算而获得待测组分的浓度。

(2) 测量条件的选择

适宜测量条件的选择是实现准确测定的重要基础，主要包括以下几个方面。

① 入射光波长的选择

由于最大吸收波长处所对应的 ε 最大，测定灵敏度最高，所以一般根据待测组分的吸收光谱，参考最大吸收波长选择入射光波长。若最大吸收波长处有共存离子干扰或最大吸收波长不在仪器的可测波长范围内，此时可选用 ε 随波长改变而变化不大的范围内的某一波长作为入射光波长。

② 吸光度范围的选择

普遍认为，测定吸光度应控制在 0.2～0.8，此时的吸光度测定误差最小。因此，应把待测组分浓度通过稀释或选择合适的吸收池来调节待测溶液的吸光度。

③ 显色反应条件的选择

无机金属离子的测定往往要加入显色剂生成有色物质，然后进行吸收光谱测定。此时，显色剂的用量、显色时间以及溶液的酸碱度和温度等都需要严格控制。

④ 共存离子干扰的消除

其他共存离子本身带有颜色或与显色剂发生显色反应等都将对测定产生误差。这时，往往通过加入适当的掩蔽剂、改变干扰离子的状态、选择适当的波长以及选择合适的分离方法等手段消除共存离子的干扰。

另外，吸收池对入射光的反射以及池内试剂和共存组分对入射光的吸收等都会造成透射光强度的减弱。所以，为了使光强度的变化仅与溶液中待测物质的浓度有关，采用参比溶液对上述影响进行校正是非常重要的。当然，选用光学性质相同、厚度相同的吸收池来盛放待测溶液和参比溶液也是非常重要的。

(3) 仪器使用的注意事项

① 比色皿在测试前应用待测液润洗几次，以免待测液被改变。测试后应及时清洗。被有色物质污染时，建议用 3 $mol \cdot L^{-1}$盐酸和等体积的乙醇混合溶液洗涤，再用去离子水冲洗。透光面要小心保护，不得用手接触，只能用镜头纸或脱脂棉轻轻擦拭。不同仪器的吸收池不要混用，以免引起误差。比色皿装液不宜太满，待测液量为比色皿的 4/5 即可。

② 使用仪器时，注意每改变一次波长，都要用参比溶液校正，即吸光度为零、透光率为 100%。

③ 为了延长光源的寿命，应尽量减少开关次数，而且刚关闭的光源不宜立即重新开启。仪器连续使用的时间以不超过 3 h 为宜，若需长时间使用，再次开启前最好等待 30 min。

④ 仪器应注意防潮、防震、防尘、防腐蚀性气体等。

(4) 几种型号分光光度计的使用方法

① 721 型分光光度计的操作步骤

a. 接通电源，打开仪器开关，掀开样品室暗箱盖，预热 20 min。

b. 将灵敏度开关调至 1 挡(若零点调节器调不到 0 时，需选用较高挡)。

c. 根据所需波长转动波长选择钮，将空白液及测定液分别倒入比色皿，用擦镜纸擦清外壁，放入样品室内，使空白液对准光路。

d. 在暗箱盖开启状态下调节零点调节器，使读数盘指针指向 $T=0$ 处。

e. 盖上暗箱盖，调节 100 调节器，使空白液的 $T=100\%$，指针稳定后逐步拉出样品拉杆，分别读出测定液的吸光度，并记录。

f. 测量完毕，关上电源，取出比色皿洗净，样品室用软布或软纸擦净。

② 722 型分光光度计的操作步骤

a. 接通电源，预热 20 min。

b. 将灵敏度旋钮调至 1 挡，选择开关置于 T，选择入射光的波长。

c. 放入参比液，打开试样盖，调节 0 旋钮，显示 00.0。

d. 盖上试样盖，调节 100%，显示 100.0。

e. 选择开关置 A，旋动吸光度调零旋钮，显示 .000。

f. 若调不到 100.0，可加大一挡灵敏度旋钮，重新校正 T 的 0 和 100%以及 A 的 .000。

g. 置于 A 挡，放入被测液，移入光路，显示吸光度值。

③ 7230 型分光光度计的操作步骤

a. 接通电源，预热 20 min，选择入射光波长。

b. 将参比试样和待测试样放入样品池内，并盖上样品池盖。

c. 将参比试样推入光路，按 MODE 键，显示 Z(T)状态或 A 状态。

d. 按 100% Z 键，显示 T 100.0 或 A 0.000。

e. 打开样品池盖，按 0% Z 键，显示 T 0.0 或 A El。

f. 盖上样品池盖，按 100% Z 键，显示 T 100.0。

g. 将待测试样推入光路，显示试样的 Z(T)或 A 值。

④ 752 型分光光度计的操作步骤

a. 接通电源，预热 30 min，选择入射光波长。根据需要入射光波长范围，点亮钨灯(330～850 nm)或氘灯(220～330 nm)。

b. 将灵敏度旋钮调至 1 挡。

c. 选择开关置于 T 上，关上样品池盖调 100.0，打开样品池盖调 0。如调不到，应尝试增大灵敏度的挡数。重复上述操作两次以上。选择开关置于 A 上，如不显示为 000.0，可调节吸光度调零旋钮显示为 000.0 后再置于 T 上重复上述步骤。

d. 将参比溶液比色皿置于光路中，重复上述步骤。

e. 根据需要选择开关 A 或 T。将待测液推入光路测定，显示值即为试样的 A 值或 T 值。

721 型分光光度计如图 2-4 所示。

图 2-4　721 型分光光度计

2.1.6　电导率测定仪

(1) 基本原理

导体导电能力的大小，通常用电阻(R)或电导(G)表示。电导是电阻的倒数，关系为

$$G=\frac{1}{R}$$

式中，R 为电阻，Ω；G 为电导，S。

导体的电阻与导体的长度 l 成正比，与面积 A 成反比：

$$R\propto\frac{1}{A}$$

或

$$R=\rho\frac{l}{A}$$

式中，ρ 为电阻率，Ω·cm,表示长度为 1cm、截面积为 $1cm^2$ 时的电阻。

和金属导体一样，电解质水溶液体系也符合欧姆定律。当温度一定时，两极间溶液的电阻与两极间距离 l 成正比，与电极面积 A 成反比。对于电解质水溶液体系，常用电导和电导率来表示其导电能力：

$$G=\frac{1}{\rho}\times\frac{A}{l}$$

令
$$\frac{1}{\rho}=\kappa$$

则
$$G=\kappa\frac{A}{l}$$

式中，κ 是电阻率的倒数，称为电导率，$S\cdot cm^{-1}$。它表示在相距 1 cm、面积为 1 cm^2 的电极之间溶液的电导。

在电导池中，电极的距离和面积是一定的，所以对某一电极来说，$\frac{l}{A}$是常数，常称其为电极常数或电导池常数。

令
$$K=\frac{l}{A}$$

则
$$G=\kappa\frac{1}{K}$$

即
$$\kappa=GK$$

不同的电极，电极常数 K 不同，因此测出同一溶液的电导 G 也就不同。通过公式换算成电导率 κ，由于 κ 的值与电极本身无关，因此用电导率可以比较溶液电导的大小。而电解质水溶液导电能力的大小正比于溶液中电解质含量。通过对电解质水溶液电导率的测量可以测定水溶液中电解质的含量。

(2) 电导率仪的使用方法

DDS-11A 型电导率仪是常用的电导率测量仪器，它除了能测量一般液体的电导率外，还能测量高纯水的电导率，被广泛用于水质、水中含盐量、大气中 SO_2 含量等的测定和电导滴定。

DDS-11A 型电导率仪的操作步骤：

① 接通电源前观察表头指针是否指零，若有偏差调节表头下方凹孔，使其恰好指零。

② 接通电源，将仪器预热 10 min。

③ 将电极浸入被测溶液(或水)中，需确保极片被浸没，将电极插头插入插座。

④ 调节“常数”钮，使其与电极常数标值一致。如所用电极的常数为 0.98，则把“常数”钮白线对准 0.98 刻度线。

⑤ 将“量程”置于合适的倍率挡上，若事先不知被测液体电导率的高低，可先置于较大的电导率挡，再逐挡下降，以防表头针被打弯。

⑥ 将“校正-测量”开关置于“校正”位，调“校正”电位器使表针指向满度值 1.0。

⑦ 将“校正-测量”开关置于“测量”位，表针指示数乘以量程倍率即为溶液电导率。如测纯水时“量程”置于×0.1(红)挡，指示值为 0.56，则被测电导率为 $0.56\times0.1=0.056$ ($\mu S\cdot cm^{-1}$)(电阻率为 17.86 $M\Omega\cdot cm$)。将“量程”置$\times10^2$ 挡，指示值为 0.5，则被测值为 $0.5\times10^2=50$($\mu S\cdot cm^{-1}$)。

⑧“量程”置黑 (B) 点挡，则读数为表面上行刻度 0～1。“量程”置红(R)挡，则读数为下行刻度。

⑨ 当溶液电导率大于 10^4 $\mu S\cdot cm^{-1}$(电阻小于 100 Ω)，即高电导率测量时，应使用

DJS-10 型电极，这时“常数”钮调在常数标称值 1/10 位置上。如所用电极常数为 10.4，使“常数”钮置 1.04，被测值＝指示数×倍率×10。

⑩ 本仪器可长时间连续使用，可将输出信号接记录仪进行连续监测。

(3) 注意事项

① 低电导率测量(电导率小于 100 $\mu S \cdot cm^{-1}$)，如测量纯水、锅炉水、去离子水、矿泉水等水质的电导率时，选用 DJS-1C 光亮电极。

② 测量一般溶液的电导率(30～3000 $\mu S \cdot cm^{-1}$)，采用 DJS-1C 铂黑电极。

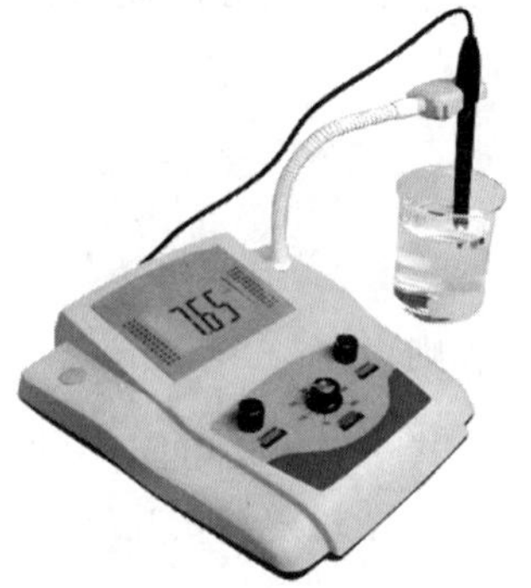

图 2-5　DDS-11A 型电导率仪

③ 测量 3000～1×10^4 $\mu S \cdot cm^{-1}$ 的高电导率溶液时，应使用常数为 10 的铂黑电极。

DDS-11A 型电导率仪如图 2-5 所示。

2.2　无机化学实验基本操作

2.2.1　玻璃仪器的洗涤与干燥

在无机化学实验中，玻璃仪器是承载化学反应、进行物质分离与提纯、实施精确测量不可或缺的工具。仪器的洁净度直接关系到实验结果的准确性、可靠性和实验的安全性。残留的杂质可能干扰化学反应进程、引入误差、污染试剂，甚至引发意外事故。因此，熟练掌握并严格执行玻璃仪器的洗涤与干燥操作规范，是每一位实验者必须掌握的基本功，也是实验成功的重要前提。

(1) 玻璃仪器的洗涤

洗涤的目的在于彻底清除仪器内、外壁附着的化学物质(如残留的溶液、反应产物、沉淀物、灰尘、油脂等)，使仪器达到化学实验要求的洁净标准——器壁能被水均匀润湿，倒置时形成一层均匀的水膜，不挂水珠，无任何可见污渍或条纹。

常用洗涤方法与步骤如下所述。

① 常规水洗与刷洗

初步冲洗：实验后立即用大量自来水冲洗仪器，趁残留物尚未干涸时将其冲走。这是最快捷、最经济的初步清洁方法。

毛刷擦洗：对于内壁附着有固体残留物或油污的仪器(如烧杯、锥形瓶、试管等)，选用大小、形状合适的毛刷(试管刷、烧杯刷等)，蘸取少量去污粉、肥皂水或合成洗涤剂，仔细刷洗器壁内外。刷洗时用力要适度、均匀，避免用力过猛损坏仪器(如划伤内壁或捅破试管底)。

反复冲洗：用自来水充分冲洗，将洗涤剂和刷下的污物彻底冲净。应遵循“少量多次”的原则，反复冲洗数次，直至冲洗水清澈透明，无泡沫和颗粒物。

② 针对性化学洗涤

当常规水洗和刷洗无法去除特殊污垢时，需根据污物的性质选择合适的化学洗涤剂进行浸泡或处理。

油脂或有机污物：使用热的碳酸钠(Na_2CO_3)溶液、氢氧化钠(NaOH)溶液等碱性洗涤剂或合成洗涤剂浸泡。

有机溶剂：对于顽固油脂，可用乙醇、丙酮、乙醚、苯等有机溶剂润洗或浸泡（注意通风、防火）。

碱性残留物、两性氧化物/氢氧化物：用稀盐酸（HCl）或稀硝酸（HNO_3）溶液浸泡洗涤。

氧化性污物（如 MnO_2、铁锈等）：可用浓盐酸、草酸（HOOC—COOH）溶液或酸性还原剂洗涤。

银盐、铅盐污迹：可用硫代硫酸钠（$Na_2S_2O_3$）溶液浸泡。

碘迹：可用碘化钾（KI）溶液或硫代硫酸钠溶液浸泡。

高锰酸钾（$KMnO_4$）的污迹（MnO_2）：可用浓盐酸、草酸溶液或亚硫酸钠（Na_2SO_3）溶液洗涤。

难溶无机盐（如 $CaCO_3$，$BaSO_4$ 等）：根据盐的性质选择酸或络合剂溶解。$CaCO_3$、$Fe(OH)_3$ 等可用稀盐酸；$BaSO_4$ 虽难溶，必要时可用乙二胺四乙酸（EDTA）溶液尝试处理。

③ 特殊洗涤（铬酸洗液）

铬酸洗液由重铬酸钾（$K_2Cr_2O_7$）的饱和水溶液与浓硫酸按一定比例配制而成，呈暗红色，具有强氧化性和强酸性。曾广泛用于清洗油污严重、常规方法难以洗净或口径细小不便刷洗的仪器（如移液管、容量瓶、滴定管、比色皿、称量瓶、蒸馏烧瓶等），尤其对去除有机污染物非常有效。

浸泡：将待洗仪器尽量沥干水，倒入少量洗液，转动仪器使其内壁完全润湿（或将仪器浸泡于洗液中）。

放置：浸泡一段时间（通常数分钟至数小时，视污垢残留程度而定）。

回收：将用过的洗液倒回原储存瓶中（洗液可反复使用直至颜色变绿失效）。

冲洗：用大量自来水彻底冲洗仪器，务必去除所有残留的铬酸洗液。

最终清洗：必须再用少量蒸馏水或去离子水润洗 2～3 次，确保洗掉自来水中的离子。

重要警示：铬（Ⅵ）化合物是剧毒物质且具有强致癌性！操作必须极其谨慎。浓硫酸具有极强的腐蚀性。操作时务必佩戴耐酸手套、防护眼镜，在通风橱内进行。避免皮肤接触或吸入蒸气。

鉴于其高毒性和环境危害性（含铬废液需专门处理），现代实验室强烈建议尽量减少或避免使用铬酸洗液。优先选用替代方法，如：使用王水洗液或超声波清洗机。

④ 其他洗涤剂

强碱性清洗剂（如含 NaOH 的洗涤液）、过硫酸盐（如过硫酸钾 $K_2S_2O_8$）的酸性或碱性溶液、专用实验室仪器清洗剂（多为表面活性剂、螯合剂、碱的复配物）、超声波清洗机（利用超声波的空化作用物理剥离污垢，常配合温和洗涤剂使用，对精细、复杂形状仪器特别有效）。

⑤ 蒸馏水/去离子水润洗

无论使用何种洗涤方法，在仪器经自来水充分冲洗干净后，进行定量分析或精密实验前，必须用少量蒸馏水或去离子水沿器壁内壁旋转润洗 2～3 次，以彻底清除自来水带来的 Ca^{2+}、Mg^{2+}、Cl^-、SO_4^{2-} 等杂质离子。

（2）玻璃仪器的干燥

洗净的仪器有时需要干燥才能使用。干燥方法需根据实验要求、仪器种类和急用程度来选择。

① 自然晾干(风干)

a. 方法：将洗净的仪器倒置(如将容量瓶、烧杯、锥形瓶等倒置于专用干燥架上)，或放置在干净的仪器架上，并置于无尘、通风处，让水分自然挥发。

b. 优点：操作简单，无需额外能源，适用于所有非耐热或非急用的仪器(如烧杯、锥形瓶、试剂瓶、量筒等)。是容量分析仪器(如容量瓶、移液管、滴定管)的首选干燥方式，避免烘烤导致的容积变化。

c. 缺点：干燥速度较慢。

② 烘干

a. 方法：将洗净沥去多余水分的仪器(注意：厚壁仪器、有刻度的容量仪器、抽滤瓶等不耐高温或易因温度变化炸裂的仪器严禁烘烤!)，放入电热鼓风干燥箱中烘干。温度一般控制在 105～120 ℃左右。仪器口应朝下或侧放，便于水汽逸出。烘烤时间约需 1 h。取出时应使用干布或专用坩埚钳，置于石棉网上冷却至室温。

b. 优点：干燥速度快、彻底。

c. 适用：对干燥要求高、能耐受高温且急用的仪器(如烧杯、锥形瓶等非精确刻度的玻璃瓶，以及试管、蒸发皿、培养皿等)。

d. 注意事项：严格控制温度，避免过高导致仪器破裂或变形；仪器放入烘箱前务必沥干；热仪器取出后需冷却才能使用，防止骤冷破裂。

③ 烤干

a. 方法：用试管夹夹住洗净的试管或烧瓶底部，在酒精灯或电炉上小火烘烤(试管口略向下倾斜)，并不时转动使其受热均匀。当看不到水珠后，再持续烘烤片刻。冷却后使用。

b. 适用：急用的部分仪器如试管、烧瓶等。

c. 注意事项：仅适用于硬质玻璃仪器；火力要小且均匀移动，避免局部过热炸裂；干燥后需冷却。

④ 吹干

a. 方法：对急需使用的洗净仪器，可用电吹风的热风挡(或冷热风交替)吹干。对于小体积或特殊形状仪器(如移液管、干燥管)，也可将其浸入少量乙醇或丙酮(或乙醇-丙酮混合液)中润湿后取出，先用冷风吹去大部分溶剂，再用热风吹干残余溶剂(注意通风防火!)。

b. 优点：快速。

c. 适用：急需使用的仪器，或不易烘烤的仪器(如带活塞的滴定管，活塞部分可用此法)。

d. 注意事项：使用乙醇、丙酮有机溶剂时务必远离明火，注意通风；溶剂有毒性，避免吸入。

⑤ 气流干燥

a. 方法：实验室常备气流烘干器。将洗净的试管、烧瓶等倒插在烘干器的风管上，利用热空气流快速吹干仪器内部。

b. 优点：干燥速度较快，比烘箱更便捷，适合常用小件仪器。

c. 适用：试管、离心管、小烧瓶等。

(3) 干燥仪器的存放

干燥后的仪器应妥善存放，防止再次被污染或受潮。干燥后尽快放入洁净的仪器柜或干燥器中。烧杯、锥形瓶、量筒等开口仪器应倒置存放。试剂瓶、称量瓶等应盖上瓶塞。移液管、滴定管等精密仪器应放在专用盒内或架子上。仪器柜内可放置干燥剂(如硅胶)吸潮。长期不用的精密仪器最好保存在干燥器中。

(4) 注意事项与安全

使用强酸、强碱、有机溶剂、铬酸洗液等时必须严格遵守安全操作规程，穿戴好个人防护装备(手套、护目镜、实验服)，在通风橱内操作。优先选用低毒、环保的洗涤方法。铬酸洗液应严格管理和回收处理。刷洗时用力适度，烘烤时注意仪器耐受温度，热仪器避免骤冷。洗涤后务必检查是否达到“水膜均匀，不挂水珠”的标准，特别是进行定量实验前。实验后尽快清洗仪器，避免残留物干涸固化增加清洗难度。

玻璃仪器的洗涤与干燥虽是无机化学实验中的基础环节，却直接影响实验的成败与安全。实验者必须深刻理解其重要性，熟练掌握各种洗涤剂的使用条件、各类干燥方法的适用对象及操作要点，并始终将安全与规范操作放在首位。养成及时、规范、彻底清洗仪器和妥善干燥、存放仪器的良好习惯，是成为一名严谨、高效、安全的化学实验工作者的基础。

2.2.2 称量

实验室常用的称量仪器是电子天平(图 2-6)，可以精确称量到 0.01 g 或精密电子天平(图 2-7)，精度为 0.0001 g。

(1) 精密电子天平的使用方法

① 调水平。若水平仪水泡在圆圈中央，表示天平水平；若气泡不在圆圈内，通过调节水平调节螺丝将天平调至水平。

② 开启天平。按“ON/OFF”键，开启天平。

③ 调零。按“TAR”键调节零点。

④ 称量。将待称量物放在秤盘上，待显示屏上的数字稳定后，即可读出待称量物的质量。

⑤ 称量完毕后，按“ON/OFF”键关闭天平，显示器数字消失。盖好天平罩。

图 2-6 电子天平（精度为 0.01 g）

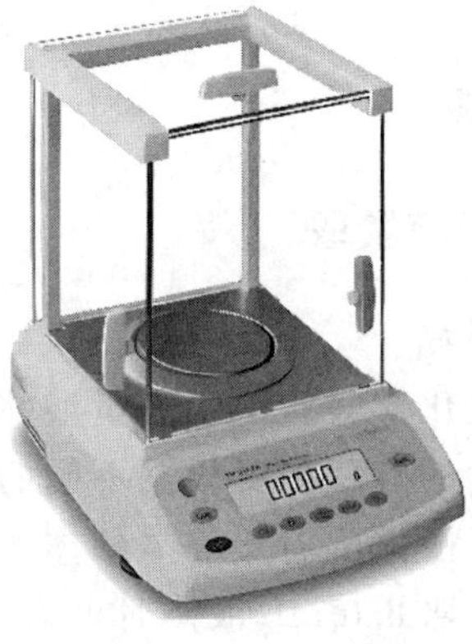

图 2-7 精密电子天平（精度为 0.0001 g）

注意事项：

a. 为减少气流、振动、电磁干扰等环境因素对天平的影响，天平的工作台要平稳，防止阳光直射，避免放置在空气对流的通道上。

b. 称量的物品不得超过天平的最大载荷。

c. 进行称量操作时，动作要轻缓。注意触碰天平使之移位后，天平水平是否改变。

d. 不得直接将样品放于秤盘中，不能在天平上称量热的、冷的或散发腐蚀性气体的物品。

e. 称量读数时应关闭所有的天平门，以免空气流动对读数造成影响。

（2）称量方法

根据试样的性质、称量的目的，使用天平称量一般有下列方法：

① 直接称量法

指把被称物直接置于天平盘中央，一次性读取其质量。这种方法适用于称量不易潮解或升华的固体试样。操作时将称量容器置于天平盘中央，通过去皮功能使显示归零，加入被称物后天平显示的数值即为净质量。

② 差减称量法

将试样置于洁净、干燥的称量瓶中，称出称量瓶和试样的总质量[称量时，不可直接用手拿，可用洁净的纸条套在瓶体中部，用手捏紧纸条进行操作，如图 2-8(a)所示]。从天平中取出称量瓶，根据所需称量范围小心将试样倾倒入容器中。具体操作为：从秤盘上取出称量瓶，移至盛接试样的容器口上方后，打开瓶盖，将瓶体倾斜，用瓶盖的下底面轻轻敲击瓶口上沿，让试样缓缓倾入容器，估计已够所需量时，边敲击瓶口边把瓶体立正，盖好瓶盖后，方可离开容器上方[图 2-8(b)]。再称量称量瓶和余下试样的总质量，两次质量之差即为取出试样的质量。

这种方法适用于连续称取多份易吸水、在空气中性质不稳定的物质。

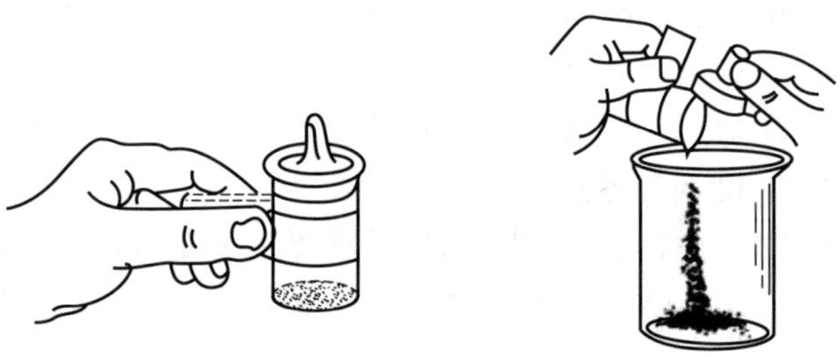

(a) (b)

图 2-8 差减称量操作

2.2.3 移液量取

（1）量筒

量筒是化学实验室中度量液体最常用的仪器。量筒有各种不同的容积，可根据不同的需要选用。粗略量取液体时，可根据所需要液体的体积选择合适的量筒。例如，需要量取 8.0 mL 液体时，为了提高测量的准确度，应选用 10 mL 量筒(测量误差为±0.1 mL)，如果选用 100 mL 量筒量取 8.0 mL 液体，则至少有±1 mL 的误差。读取量筒的刻度值，应使视线与量筒内弯月面最低点处于同一水平线(图 2-9)，否则会增加体积的测量误差。量筒不能做反应器用，不能装热的液体。

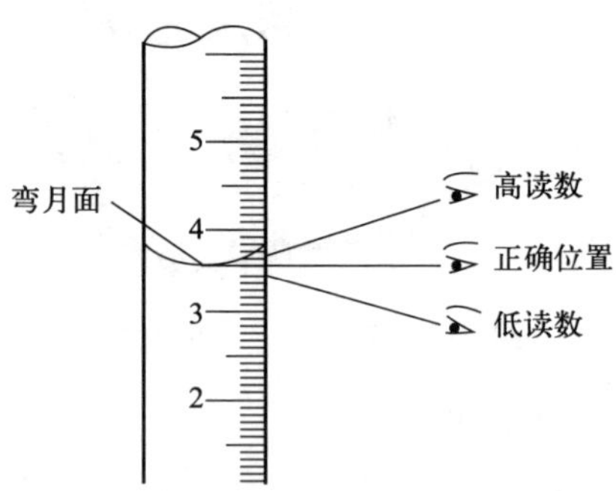

图 2-9 量筒的读数

（2）移液管和吸量管

准确量取液体时，可用移液管和吸量管移取。移液管是中间有一膨大部分(称为球部)的玻璃管，球部上和下均为较细窄的管颈，上端管颈刻有一条标线[图 2-10(a)]。常用的移液管有 2 mL、5 mL、10 mL、25 mL、50 mL 等规格。吸量管是具有分刻度的玻璃管[图 2-10(b)]，用于准确移取非固定量的溶液。常用的吸量管有 1 mL、2 mL、5 mL、10 mL 等规格。

移液管在使用前应先后用洗涤液、去离子水和待量取的液体洗涤。洗涤时，可先慢慢地吸入少量洗涤的水或液体至移液管中，用食指按住管口，然后将移液管平持，松开食指，转动移液管，使洗涤的水或液体与管口以下的内壁充分接触。再将移液管持直，让洗涤水或液体流出，如此反复洗涤数次。用移液管量取液体时，应把移液管的尖端部分插入液体中，用洗耳球将液体慢慢吸入管中，待溶液上升到标线以上约 2cm 处立即用食指(不要用大拇指)按住管口(图 2-11)。将移液管持直并移出液面，微微松动食指，用大拇指和中指轻轻转动移液管，使管内液体的弯月面慢慢下降到标线处，立即压紧管口。若管尖外挂有液滴，可使管尖与容器壁接触使液滴流下。再把移液管移入另一容器，并使管尖与容器内壁接触，然后放开食指，让液体自由流出。待管内液体不再流出后，稍停片刻(十几秒钟)，转动移液管，再把移液管拿开。此时残留在移液管内的液滴一般不必吹出，因移液管的容量只计算自由流出液体的体积，刻制标线时已把滞留在管内的液滴体积扣除了。如果移液管上标有“吹”字，则最后残留在管内的液滴必须吹出。

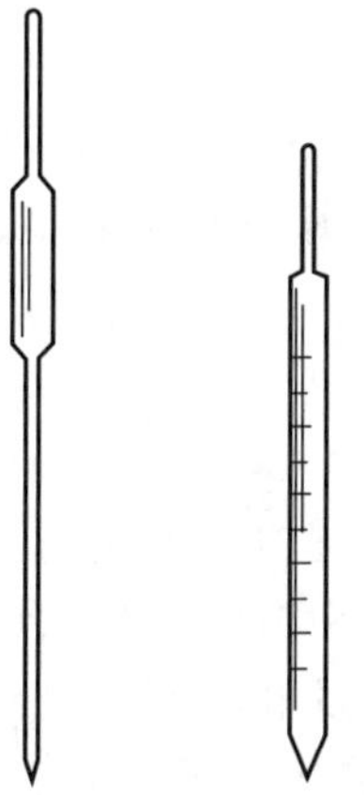

(a) 移液管　　(b) 吸量管

图 2-10　移液管和吸量管

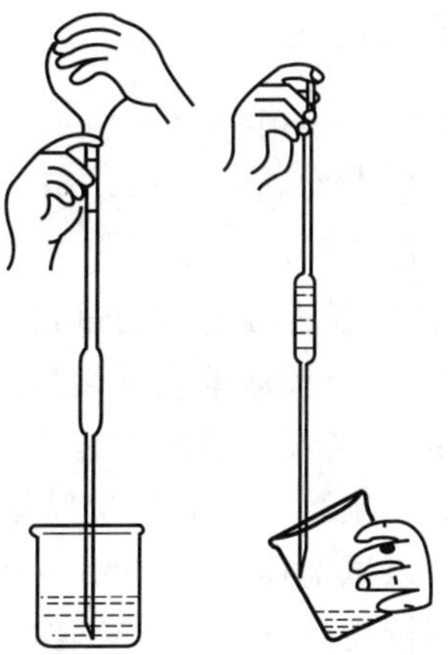

图 2-11　移液管的使用

(3) 移液枪

移液枪(图 2-12)是实验室精确移取少量或微量液体的一种移液器，移液枪有不同的规格，不同规格的移液枪配套使用不同大小的枪头。不同生产厂家生产的形状也略有不同，但工作原理及操作方法基本一致。在使用和存放移液枪时均要小心谨慎，防止损坏影响其量程。

移液枪加样有空气垫(活塞冲程)加样和无空气垫的活塞正移动加样两种，不同原理的移液枪有其特定应用范围。空气垫加样器的吸液范围在 1 μL 至 10 mL 之间，用于固定或可调体积液体的加样。活塞正移动加样器用于具有高蒸气压、高黏稠度以及密度大于 $2.0\ g \cdot mL^{-1}$的液体。使用移液枪时先调节量程，如果要从大体积调为小体积，则顺时针旋转旋钮即可。如果要从小体积调为大体积，则可先逆时针旋转旋钮至超过目标体积的刻度，再回调至设定体积，这样可以保证量取的最高精确度。在该过程中，不可将旋钮旋出量程，否则会卡住内部机械装置而损坏移液枪。调好量程后装配枪头，将移液枪垂直插入枪头中，稍微用力并左右微微转动即可使其紧密结合。移液之前，要保证移液器、枪头和液体处于相同温度。吸取液体时，移液器保持竖直状态，将枪头插入液面下 2～3 mm。在吸液之前，可以先吸放 3 次液体以润湿吸液嘴(尤其是要吸取黏稠或密度与水不同的液体时)。移取溶液的操作：移取溶液前，将移液枪垂直插入吸头盒中，安装枪头并调好量程。移取溶液时，用大拇指将按钮按到第一停点，将枪头插入溶液中 2～3 mm，缓慢松开按钮，吸液完成后，在液面下停顿一秒钟，观察枪头内液面是否稳定，然后垂直取出移液枪。转移溶液时，将吸头口紧贴接收容器的内壁，并保持移液枪与水平面呈 10°～45°角，缓慢地将按钮按到第一停点，排出液体。停顿一秒钟，让液体完全流出。如需吹出残液，则继续将按钮按到第二停点，将吸头内残留的少量液体完全吹出。

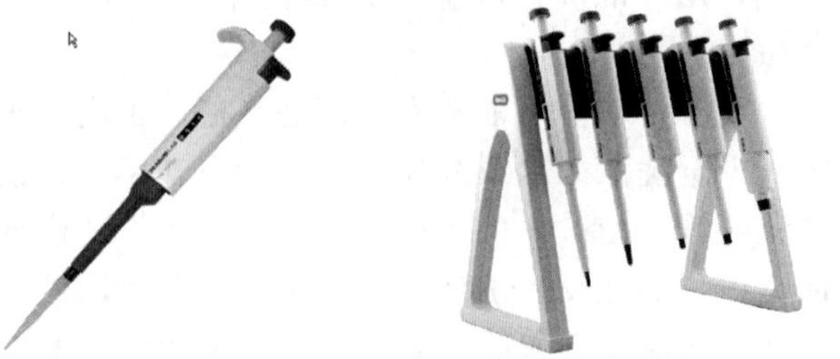

图 2-12 移液枪及枪架

移液枪使用完毕，需将其竖直挂在移液枪架上。当移液枪枪头里有液体时，切勿将移液枪水平放置或倒置，以免液体倒流腐蚀活塞弹簧。

2.2.4 配制试剂

在化学实验中根据要求的不同要配制不同的溶液。溶液的配制可分为一般溶液的配制和精确配制。前者准确度不高，用于定性实验，后者准确度高，用于定量实验。

(1) 一般溶液的配制

① 计算配制溶液所需的试剂(固体或液体)质量。

② 用电子天平称量或量筒量取试剂。

③ 将试剂倒入洁净的烧杯中，用量筒量取所需体积的溶剂对试剂进行溶解或稀释。若用固体试剂配制溶液，先用量筒量取所需的蒸馏水，注入烧杯中，搅拌，使固体完全溶解，再将溶液倒入试剂瓶中。若用液体试剂配制溶液，则用量筒量取溶剂，对液体试剂进行稀释，用玻璃棒搅拌均匀，再将溶液倒入试剂瓶中。试剂瓶上要贴上标签，注明试剂的名称、浓度和配制日期。

(2) 精确配制

① 计算试剂(固体或液体)的准确用量(一般保留到小数点后 4 位)。

② 称量试剂。对于固体试剂，用分析天平(分度值为 0.0001 g)称量，倒入洁净的烧杯中；对于液体试剂，用适当体积的移液管或吸量管移取液体，转移至容量瓶中。

③ 溶解或稀释。使用固体试剂配制溶液时，称量后先用少量溶剂溶解，如有需要可加热，使其完全溶解，玻璃棒搅拌均匀，将溶液转移到容量瓶中，再用少量溶剂淋洗烧杯 3 次，将淋洗液转移至容量瓶中，最后加溶剂至容量瓶刻线处，盖上瓶塞，将容量瓶反复倒转 15～20 次混匀。若在溶解、稀释的过程中有吸热或放热现象，则将溶液放置到室温再进行定容。若用液体试剂配制溶液，则用移液管量取试剂，转移至容量瓶中，稀释，定容。贴上标签，注明试剂的名称、浓度和配制日期。

注意：使用容量瓶前，要先进行检漏；精确配制时，固体药品必须完全溶解后才能转移至容量瓶中。若固体不易溶解可在烧杯中加热溶解，不可用容量瓶直接加热。量筒、移液管的用法见图 2-9、图 2-11。

2.2.5 加热

实验室常用的加热方法主要有直接加热和间接加热。直接加热是将盛放被加热物的器皿直接放在热源上加热。间接加热是将盛放被加热物的器皿放在加热介质中加热。

（1）常用加热仪器

① 酒精灯加热

酒精灯是实验室常用的直接加热仪器之一，适用于温度不太高(400～500 ℃)的实验。酒精灯由灯罩、灯芯及瓷质套管、盛酒精的灯壶三个部分组成。酒精灯的火焰可分为焰心、内焰和外焰三个部分，外焰的温度最高，向内温度依序降低。因此加热时应调节好受热器与灯焰的距离，采用外焰来加热(图 2-13)。

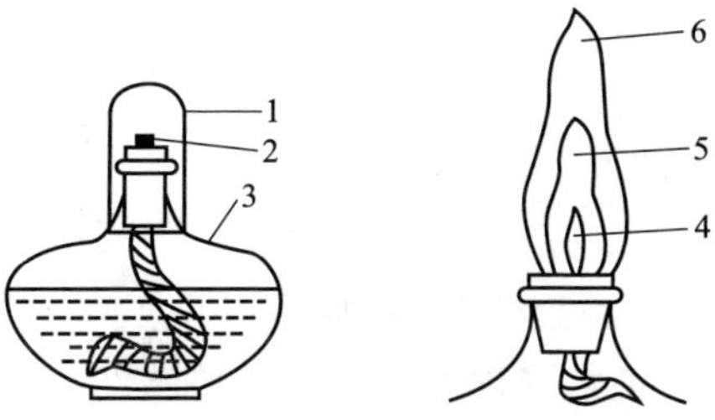

图 2-13 酒精灯的构造及灯焰

1—灯罩；2—灯芯；3—灯壶；4—焰心；5—内焰；6—外焰

使用酒精灯时注意事项：

a. 通过小漏斗向灯内添加工业酒精，所加酒精的量不能超过酒精灯容积的 2/3。使用过程中需添加酒精时，一定要熄灭后再添加。

b. 要用火柴或打火机点燃，绝不能拿燃着的酒精灯去引燃另一盏酒精灯，因为这样会使灯内的酒精从灯头流出，引起燃烧。

c. 熄灭酒精灯时，把灯罩罩上，片刻后再把灯罩提起一下，然后再罩上，这样可使灯帽内外压力平衡，避免下次打不开。注意千万不能用口来吹熄灯焰。

d. 长时间未用的酒精灯，在第 1 次点火之前，应先取下盖子，提起瓷套管，使聚集在灯内的酒精蒸气散去，然后点燃，以免发生事故。

② 电炉或电热板加热

为避免实验室明火引起火灾，电炉和电热板成为实验室最常用的直接加热装置(图 2-14)。电炉使用时应在炉盘上加一块石棉网，以确保器皿受热均匀。电炉的连续使用时间不能太长，否则会缩短电炉寿命。加热的容器如是金属，不要触及炉丝，否则易发生事故。炉盘内要经常保持清洁，防止因掉进异物而引起短路。电热板通常是一个平坦的加热面板，内部嵌入电热丝作为热源。与电炉相比，受热更均匀，更易维护。

(a) (b)

图 2-14 实验室用电炉（a）和电热板（b）

③ 水浴加热

水浴适用于加热温度在 100 ℃以下的反应体系。反应容器悬空浸入水浴中，浴面应高于器内反应液面。常用水浴锅(图 2-15)或烧杯等容器。需恒温加热时，通常使用电热恒温水浴加热器，可以自动控温，使用方便，且有多个浴孔供多个容器同时加热。

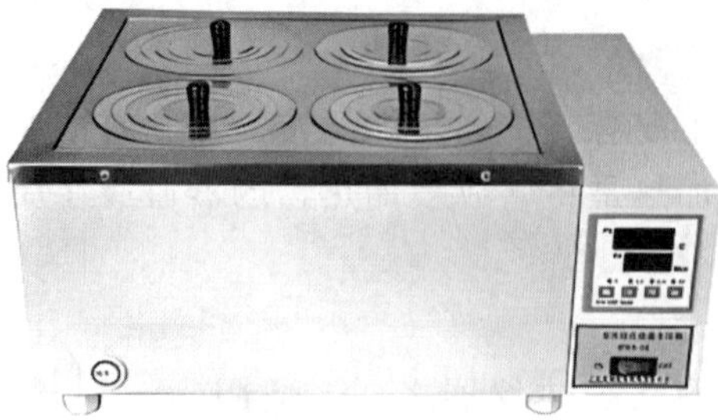

图 2-15　水浴锅

④ 油浴或砂浴加热

油浴或砂浴适用于加热温度在 100 ℃以上，且要求受热均匀的反应体系。油浴即以油代水，将反应容器浸入油浴中，常用油浴锅见图 2-16(a)。一般常用的油包括甘油(适用于 150 ℃以下)、液体石蜡(适用于 200 ℃以下)。砂浴是将清洁干燥的细砂置于铁制器皿中[图 2-16(b)]，将反应容器部分埋于其中，温度可根据需要进行调节。

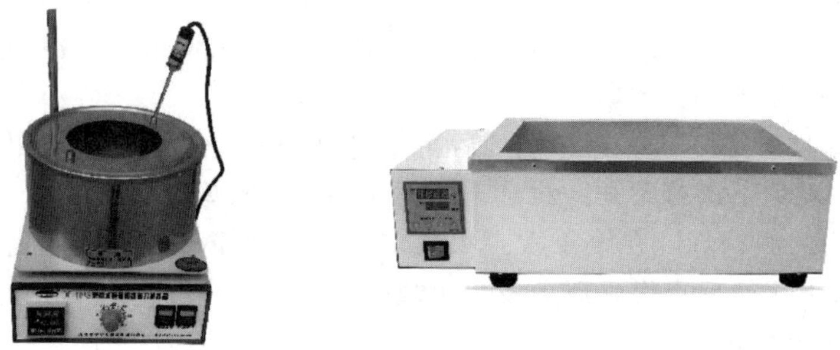

(a)　(b)

图 2-16　油浴锅（a）和砂浴装置（b）

⑤ 马弗炉加热

如图 2-17 所示，箱式马弗炉由耐火材料腔体、硅碳棒加热元件、多层隔热层、智能温控系统和石英观察窗组成。马弗炉的炉门可通过控制手柄开启，打开炉门可放入坩埚等要加热的容器。马弗炉的最高温度可达 950～1300 ℃。使用马弗炉时要特别注意，炉温＞600 ℃时开门可导致热气流喷出，需待温度降至 200 ℃以下方可开门。

图 2-17　马弗炉

(2) 常用加热方法

① 直接加热

直接加热是将被加热物直接放在热源中加热，如利用酒精灯加热试管等。实验室常用于直接加热的容器有试管、蒸发皿、坩埚等，要注意的是这些仪器一般不能骤热，受热后也不能立即与潮湿的或过冷的物体接触，以免由于骤热或骤冷而破裂。

试管可以用于液体或固体的直接火焰加热(图 2-18)，加热时应注意：

a. 应用试管夹夹在试管的中上部。

b. 加热液体时[图 2-18(a)]，试管口应稍微向上倾斜，管口不要对着人，以免液体喷出将人灼伤。

c. 应使液体各部分受热均匀。先加热液体的上中部，再慢慢往下移动，不时地摇动试管，以免由于局部过热、蒸气骤然发生而将液体喷出管外，或受热不均使试管炸裂。

d. 加热固体时，试管口应稍微向下倾斜，以免凝结在试管口的液珠回流到灼热的管底，而使试管破裂。加热固体的试管可以用试管夹或用铁架台固定起来加热[图 2-18(b)]。

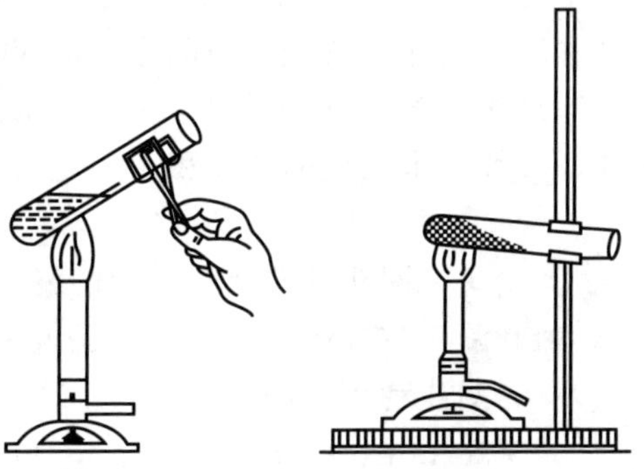

图 2-18 试管加热液体(a)和固体(b)

② 间接加热

间接加热是指热源不直接接触需要加热的容器或物质，而是通过一个中间介质来传递热量的加热方式。其主要目的是避免明火、炽热仪器表面直接接触易燃、易爆、易挥发或对局部过热敏感的物质，能够更安全、更均匀、更精确地控制加热过程。实验室间接加热方式包括水浴、油浴、砂浴或者电热套加热等。通过水、油、砂、电热套等介质传递热量，有效避免了直接加热带来的风险，物质受热均匀，广泛应用于各种实验操作中。

2.2.6 沉淀分离

沉淀和溶液的分离有倾析、过滤和离心三种分离方法。

(1) 倾析法

对于相对密度大的沉淀或颗粒较大的晶体，静置后，溶液能很快分层，上层为清液，下层为沉淀，常采用倾析法进行分离和洗涤。倾析法的操作见图 2-19，待沉淀沉降后，将沉淀上部的清液缓慢地倾倒入另一个容器(如烧杯)中，使沉淀与溶液分离。如需洗涤沉淀，可在转移完上层清液后，向盛有沉淀的容器中，加入少量洗涤剂（通常为蒸馏水），充分搅拌，待沉淀沉降到容器

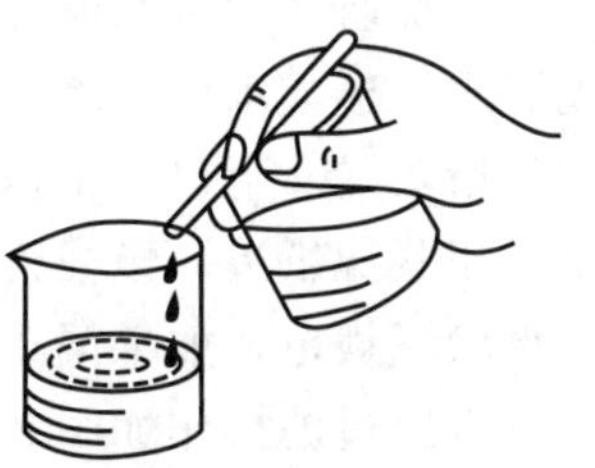

图 2-19 倾析法

底部后，再用倾析法倾去清液。如此反复操作 2～3 次，即可将沉淀洗净。

（2）过滤法

过滤是将固体和液体混合物进行分离的有效方法。过滤时，沉淀留在过滤器上，称为滤饼，溶液通过滤器进入容器中，得到滤液。常用的过滤方法有常压过滤(普通过滤)、减压过滤(抽滤)和热过滤。应根据具体情况选择不同的过滤方法。溶液黏度愈小，过滤愈快，通常热的溶液黏度小，采用热过滤法比较容易，减压过滤利用负压而使过滤加快。如果沉淀是胶状的，可在过滤前加热破坏溶胶，促使胶体聚沉，以免胶状沉淀透过滤纸进入滤液中。

① 常压过滤

常压过滤即普通过滤，是借助重力作用而实现过滤目的的，通常使用 60°角的圆锥形玻璃漏斗。内放滤纸，其边缘应比漏斗边缘略低。操作时先将滤纸折叠成适宜角度，放入漏斗内并润湿，然后过滤。倾入漏斗的液体液面应比滤纸边缘低 1 cm。

滤纸的选择：滤纸有定性滤纸和定量滤纸两种，定性实验中常用定性滤纸，重量法定量分析使用定量滤纸，定量滤纸又称为无灰滤纸，在灼烧后其灰分的质量应小于或等于常量分析天平的感量。滤纸按孔隙大小分为“快速”“中速”“慢速”三种类型，根据沉淀的性质选择滤纸的类型。细晶形沉淀应选用“慢速”滤纸，粗晶形沉淀应选用“中速”滤纸，胶状沉淀需选用“快速”滤纸过滤。滤纸按直径大小分为 7 cm、9 cm、11 cm 等，应根据沉淀量的多少和漏斗的大小选择滤纸，一般要求沉淀的总体积不得超过滤纸锥体高度的 1/3，滤纸上沿应低于漏斗上沿约 1 cm。

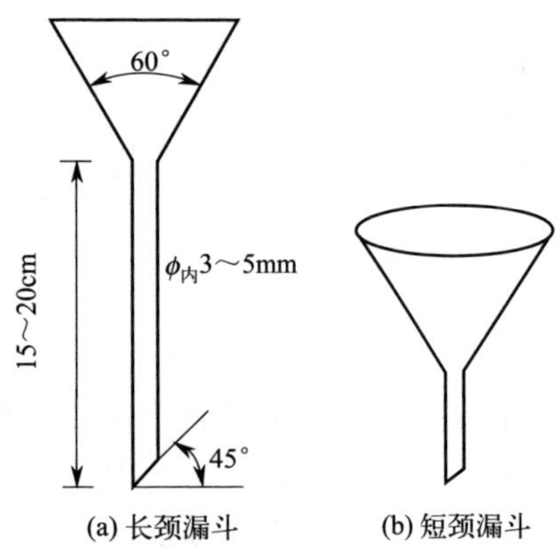

图 2-20 常压过滤漏斗

漏斗的选择：选用的漏斗大小应以能容纳沉淀为宜。漏斗按材质可分为玻璃漏斗和搪瓷漏斗，按颈长有长颈漏斗和短颈漏斗之分(图 2-20)。规格按斗径(深)可分为 30 mm、40 mm、60 mm、100 mm、120 mm 等。

滤纸折叠与放置：折叠滤纸前应先把手洗净擦干，以免弄脏滤纸。按四折法折成圆锥形，做法是先把滤纸对折，然后再对折。为保证滤纸与漏斗紧密贴合，第二次对折时不要折死，先把锥体打开，放入漏斗内(漏斗应干净而且干燥)。滤纸应低于漏斗边缘 0.5～1cm。滤纸放入漏斗后，用手按紧使之紧密贴合漏斗。如果上边缘没有贴紧，可以稍微改变滤纸的折叠角度，直到与漏斗紧密贴合为止，此时才可以把第一次的折边折死。展开滤纸锥体一边为三层，另一边为一层，为了使滤纸和漏斗内壁贴紧而无气泡，常在三层厚的外层滤纸折角处撕下一小块，此小块滤纸保存在洁净干燥的表面皿上，以备擦拭烧杯中残留的沉淀，滤纸的折叠与放置见图 2-21。

用洗瓶加少量水润湿滤纸，轻压滤纸赶去气泡，加水至滤纸边缘。这时漏斗颈内应全部充满水，形成水柱。液柱的重力可起抽滤作用，从而加快过滤速度。若不能形成水柱，可用手指堵住漏斗下口，稍掀起滤纸的一边，用洗瓶向滤纸和漏斗的空隙处加水，使漏斗充满水，压紧滤纸边，慢慢松开堵住下口的手指，此时应形成水柱，如仍不能形成水柱，可能漏斗形状不规范。如果漏斗颈不干净也影响水柱形成，这时应重新清洗。

常压过滤操作如图 2-22 所示。转移过滤操作多采用倾析法，即先倾出静置后的清液再转入沉淀。首先将准备好的漏斗放在漏斗架上，漏斗放置位置的高低，以漏斗颈下口不接触

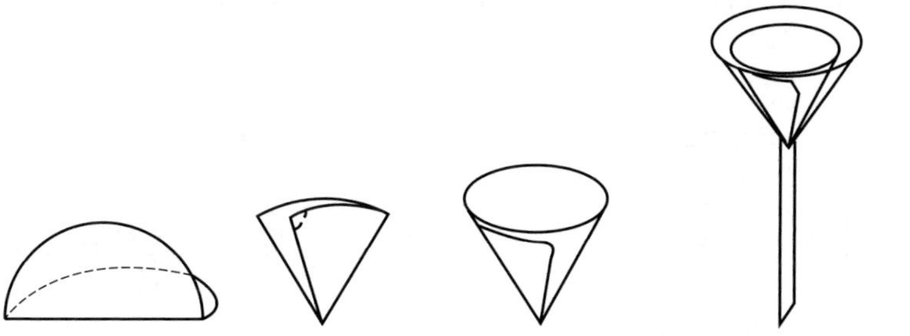

图 2-21　滤纸的折叠与放置

滤液为准。漏斗下面放置承接滤液的洁净烧杯，其容积应为滤液总量的 5～10 倍，并斜盖上表面皿。过滤操作可归纳为“一贴二低三靠”。“一贴”是指湿润的滤纸紧贴漏斗内壁而无气泡。“二低”一是指滤纸的边缘要稍低于漏斗的边缘；二是指液面要低于滤纸的边缘。“三靠”一是指烧杯嘴要靠在垂直的玻璃棒上；二是指玻璃棒下端垂直对着三层滤纸的一边，但不能碰到滤纸；三是指漏斗颈口斜处紧靠烧杯壁，使滤液沿烧杯壁流下。在同时进行几份平行测定时，应把装有待滤溶液的烧杯分别放在相应的漏斗之前，按顺序过滤，不要弄错。

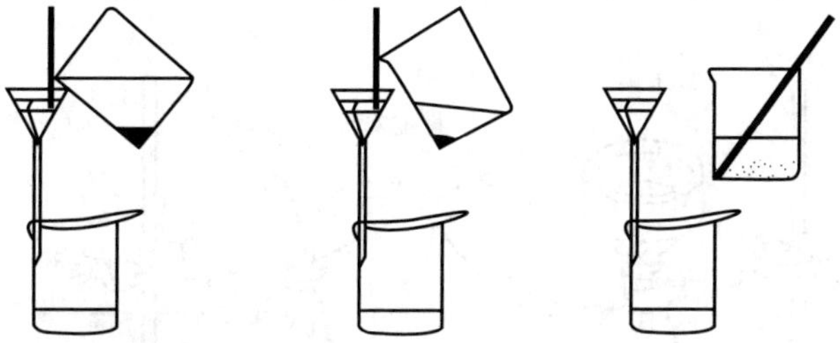

图 2-22　常压过滤操作

沉淀的转移：为了把烧杯中的沉淀转移到滤纸上，先用少量洗涤液把沉淀搅起，将悬浮液立即按上述过滤操作转移到滤纸上，如此重复几次，一般可将绝大部分沉淀转移到滤纸上。残留的少量沉淀，按图 2-23 所示的方法可将沉淀全部转移干净。左手持烧杯倾斜着拿在漏斗上方，烧杯嘴向着漏斗，用食指将玻璃棒横架在烧杯口上，玻璃棒的下端向着滤纸的三层处，用洗瓶吹出洗液，冲洗烧杯内壁，沉淀连同溶液沿玻璃棒流入漏斗中。

沉淀的洗涤：沉淀全部转移到滤纸上以后，仍需在滤纸上洗涤沉淀，以除去沉淀表面吸附的杂质和残留的母液。洗涤方法是从滤纸边沿稍下部位开始，用洗瓶吹出水流，按螺旋形向下移动，如图 2-24 所示。并借此将沉淀集中到滤纸锥体的下部。洗涤时应注意，切勿使洗涤液突然冲在沉淀上，这样容易溅失。

为了提高洗涤效率，每次使用少量洗涤液，洗后尽量沥干，多洗几次，通常称为“少量多次”原则。沉淀洗涤至最后，用干净的试管接取几滴滤液，选择灵敏的定性反应来检验共存离子，判断洗涤是否完成。

② 减压过滤(抽滤)

减压过滤是指通过减压系统的工作，将与过滤漏斗密闭连接的抽滤瓶中抽成真空，从而可借助大气压的作用加快过滤的一种操作过程。具体操作如下：

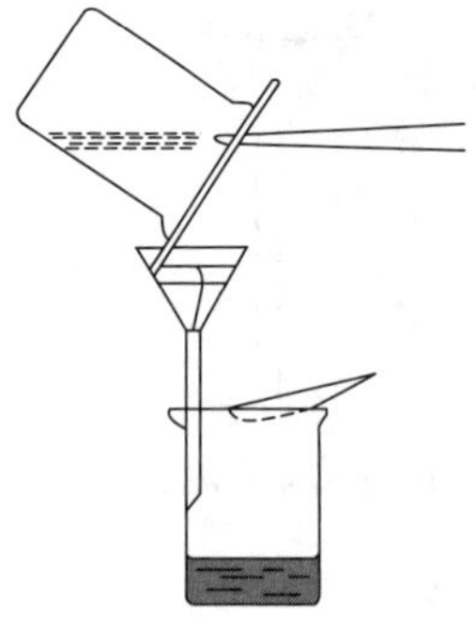

图 2-23　沉淀的转移

图 2-24　沉淀的洗涤

a. 安装仪器。过滤装置由减压系统、过滤装置和接收容器组成，如图 2-25 所示。减压系统一般由安全瓶和水泵构成；过滤装置常用瓷质布氏漏斗和玻璃砂芯漏斗，配以橡皮塞，安装在抽滤瓶上；接收容器常用抽滤瓶。抽滤瓶支管与安全瓶相连，安全瓶与水泵相连，选用厚壁橡皮管进行连接。

微量物质的减压过滤装置是用带玻璃钉的小漏斗组成的。

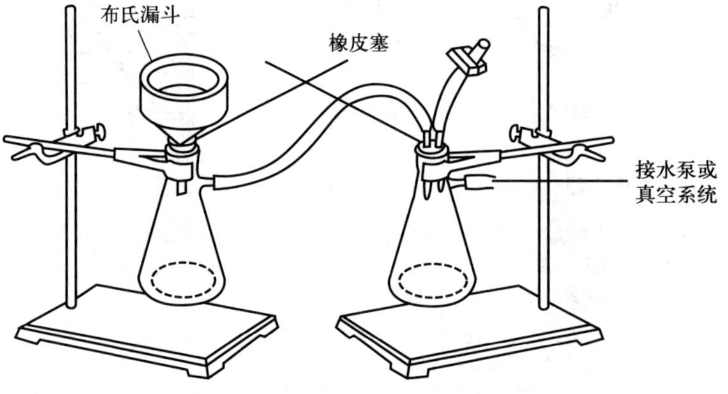

图 2-25　减压过滤装置

b. 过滤操作。先剪好比布氏漏斗内径略小(滤纸的边缘不能与布氏漏斗边缘接触)，但能完全盖住所有小孔的圆形滤纸，将其平铺在漏斗底部。再用溶剂润湿滤纸，后开启水泵，使滤纸紧贴在漏斗底部，以免混合物不经滤纸而直接漏入接收容器。玻璃砂芯漏斗不需要滤纸。

过滤时，先小心地用倾析法将要过滤的混合物的上清液倒入漏斗中，注意溶液量不应超过漏斗容量的 2/3，逐渐加大抽滤速度，待溶液快流尽时再转移沉淀。然后将剩余混合物均匀地分布在整个滤纸面上，可用玻璃瓶塞压挤滤饼。

在漏斗中洗涤滤饼时，先将滤饼尽量地抽干，然后旋开安全瓶上的旋塞使系统恢复常压，关闭水泵。把少量溶剂均匀地洒在滤饼上，使溶剂液面恰能盖住滤饼，小心拨动滤饼并静置片刻，使溶剂渗透滤饼。待有滤液从漏斗下端滴下时，重新开动水泵，再把滤饼尽量抽干、压干。这样反复几次，就可把滤饼洗净。

注意观察抽滤瓶内液面高度，当快达到支管口位置时，应拔掉抽滤瓶上的橡胶管，从抽滤瓶上口倒出溶液，不要从支管口倒出，以免弄脏溶液。

减压过滤的优点是过滤和洗涤的速度快，液体和固体分离得较完全，滤出的固体容易干燥。强酸性或强碱性溶液过滤时，应在布氏漏斗上铺上玻璃布或涤纶布来代替滤纸。

③ 热过滤

热过滤可以除去一切不溶于热溶剂中的杂质，这种操作要求在过滤时，滤液迅速通过滤纸，而温度基本不变，从而避免晶体析出。热过滤可用热水漏斗完成。热水漏斗是铜制的，内外壁间有盛水的空腔，热水漏斗中插一个玻璃漏斗，如图 2-26 所示。

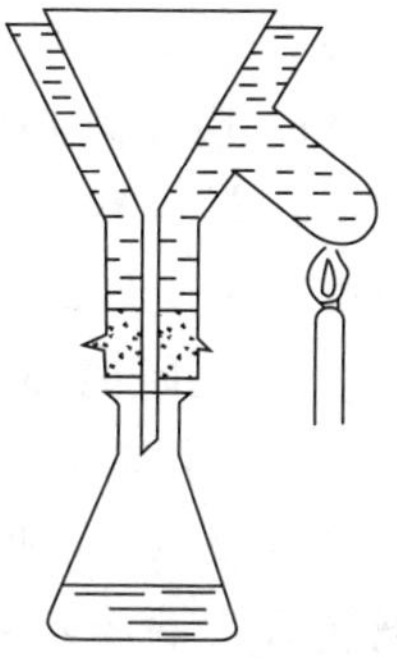

图 2-26 热过滤装置

热过滤时为不使滤纸贴在玻璃漏斗壁上，提高过滤效率，使用折叠滤纸，折叠方法如下：

先将滤纸对折，再对折后打开，再将 2、3 沿 4 对折，将 1、3 沿 5 对折，见图 2-27(a)；再将 5、3 沿 7 对折，4、3 沿 6 对折，见图 2-27(b)；再将 1、5 沿 9 对折，将 2、4 沿 8 对折，见图 2-27(c)；得到同向卷曲的 8 等分，见图 2-27(d)。再像折扇一样，将 8 等分折成 16 等分，如图 2-27(e)所示；然后打开滤纸，将 1 和 2 两处折痕向相反的方向折叠一次，如图 2-27(f)所示；最后用力将各处折痕用力压叠，再打开，即可放在漏斗中使用，如图 2-27(g)所示。

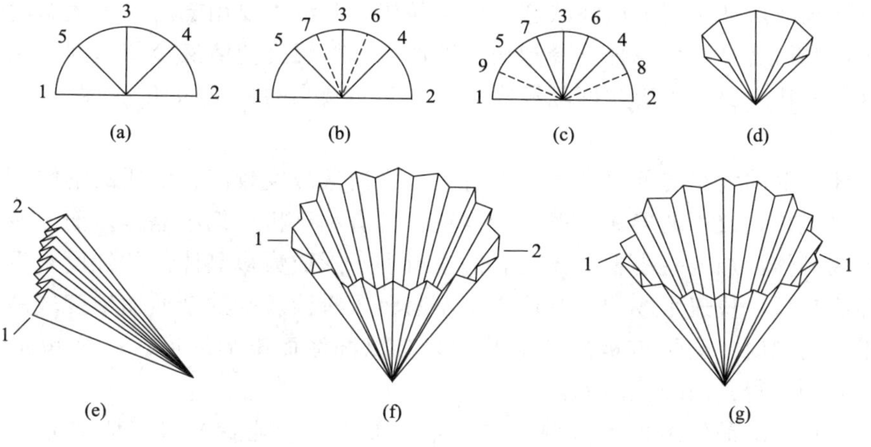

图 2-27 滤纸的折叠方法

过滤时，先在热水漏斗的夹层中注入水，在外壳支管处加热至所需温度，过滤时把折叠好的滤纸松散地放入玻璃漏斗中，然后把热的溶液逐渐倒入漏斗中，在漏斗中的液体不宜太多，以免冷却析出晶体，堵塞滤纸和漏斗。

也可用布氏漏斗趁热进行减压过滤。由于过滤速度快，滤液来不及冷却就已经完成了过滤。为了避免热溶液使漏斗破裂或热溶液在漏斗中冷却析出结晶，最好先在热水浴中或电烘箱中把漏斗预热，然后再用来进行减压过滤。

（3）离心法

把装有混合物的离心试管放入离心机中进行离心沉淀，混合液中的悬浮物就会沉降在试管底部，然后用滴管小心地吸去上层清液，这种分离方法就是离心法。离心法适用于少量和微量物质的沉淀分离。此法分离速度快，利于迅速判断沉淀是否完全。使用离心机时应注意以下几点：

a. 把装有混合物的离心管放在离心机的离心管套中，在对称的位置上放装有等量水的离心管，以保持平衡。

b. 启动离心机后要调节转速，由慢速逐渐到快速。

c. 转速和旋转时间视沉淀形状而定，晶形沉淀以 1000 $r \cdot min^{-1}$ 的转速，离心 1～2 min 即可；无定形沉淀以 2000 $r \cdot min^{-1}$ 的转速，离心 3～4 min。

d. 关闭离心机时转速由快到慢逐渐到停，不要关得太快，以免损坏离心机。

离心沉降后，用滴管轻轻吸取上层清液注入另一离心管中，使沉淀和溶液完全分离。使用滴管吸取溶液时，必须在插入溶液之前捏瘪橡胶胶头，排出其中的空气，将离心管倾斜，把滴管尖端伸入离心液液面下，但不可触及沉淀。然后慢慢放松橡胶胶头，使溶液慢慢吸入滴管中。在沉淀比较紧实的情况下，也可以用倾析法把溶液直接倒入另一个离心管中。如果要得到比较纯净的沉淀，必须洗涤沉淀。向盛有沉淀的离心管中加入适量的洗涤液，用玻璃棒充分搅拌后，离心沉降，用滴管吸出洗涤液，如此重复操作，直至洗净。

2.2.7 结晶（重结晶）

结晶是提纯固态物质的重要方法之一。通常有两种方法，一种是蒸发法，即通过蒸发，减少一部分溶剂使溶液达到过饱和状态而析出晶体，此法主要用于溶解度随温度改变而变化不大的物质(如氯化钠)。另一种是冷却法，即通过降低温度使溶液冷却达到过饱和状态而析出晶体，这种方法主要用于溶解度随温度下降而明显减小的物质(如硝酸钾)，有时需将两种方法结合使用。

析出晶体颗粒的大小与外界环境条件有关。当溶液浓度较高、溶质的溶解度较小时，快速冷却并加以搅拌，或用玻璃棒摩擦容器器壁，都有利于析出细小晶体。而溶液慢慢冷却有利于生成大块晶体，加入一小颗晶体(晶种)也有利于形成大块晶体。从纯度来看，缓慢生长的大晶体纯度较低；快速生成的小晶体由于不易裹入母液及别的杂质而纯度较高，但是晶体太小且大小不均匀时，会形成稠厚的糊状物，难以洗涤而影响纯度。晶体颗粒的大小要适中、均匀才有利于得到高纯度的晶体。

当第一次得到的晶体纯度不合要求时，重新加入尽可能少的溶剂溶解晶体，然后再蒸发、结晶、分离，得到纯度较高的晶体的操作过程叫重结晶，为了得到纯度更高的产品，有时需多次结晶。

在重结晶操作中，最重要的是选择合适的溶剂。选择溶剂时，常根据“相似相溶”的一般原理，溶质往往易溶于结构与其相似的溶剂中。所选溶剂必须符合下列条件：与被提纯的物质不发生反应；对被提纯的物质的溶解度在热的时候较大，冷时较小，即被提纯物质的溶解度必须随温度变化有较大的变化；对杂质的溶解度非常大或非常小，前一种情况杂质将留在母液中不析出，后一种情况可使杂质在热过滤时被除去，但后一种情况很少有实用价值，因为目标物的损失量可能过大；能使被提纯物质生成整齐的晶体；溶剂沸点不宜太低也不宜太高，沸点过低，加热溶解操作不易，沸点过高，回收溶剂困难。此外也要考虑溶剂的毒性、易燃性、价格等因素。

重结晶操作的一般步骤为：

a. 热饱和溶液的制备　根据待重结晶物质的溶解度，加入一定量所选定的溶剂，加热使物质完全溶解，制成热饱和溶液。这个过程可能较长，不要随意添加溶剂，若需要脱色时，可加入一定量的活性炭。

b. 热过滤　热溶液若无不溶物，此步可以省去，需要热过滤时，应防止在漏斗中结晶。

c. 冷却　为得到整齐而纯度高的晶体，一般应自然缓慢冷却至室温。

d. 减压抽滤，洗涤晶体　将固体和液体分离，选择合适的洗涤剂洗去杂质和溶剂，干燥。

第3章 实验部分

实验1 离子交换树脂法制备纯水

【实验目的】

1. 了解离子交换树脂法制备纯水的基本原理并练习使用离子交换树脂的一般操作方法。
2. 掌握水质定性检验的原理和方法。
3. 巩固酸度计的使用，学会电导率仪的使用。

【实验原理】

离子交换法是目前广泛采用的制备纯水的方法之一。水的净化过程是在离子交换树脂上进行的。离子交换树脂是有机高分子聚合物，它是由交换剂本体和交换基团两部分组成的。例如，聚苯乙烯磺酸型强酸性阳离子交换树脂就是苯乙烯和一定量的二乙烯苯的共聚物经过酸处理，在共聚物的苯环上引入磺酸基（$—SO_3H$）而形成的。其中的 H^+ 可以在溶液中游离，并与金属离子进行交换。反应式如下：

$$R—SO_3H+M^+ \rightleftharpoons R—SO_3M+H^+$$

式中，R 为聚合物的本体；$—SO_3H$ 为与本体联结的固定部分，不能游离和交换；M^+ 代表一价金属离子。

如果在共聚物的本体上引入各种氨基，就成为阴离子交换树脂。例如，季铵型强碱性阳离子交换树脂 $R—N^+(CH_3)_3OH^-$，其中 OH^- 在溶液中可以游离，并与阴离子交换。

离子交换法制纯水的原理是基于树脂和天然水中各种离子间的可交换性。例如 $R—SO_3H$ 型阳离子交换树脂，交换基团中的 H^+ 可与天然水中的各种阳离子进行交换，天然水中的 Ca^{2+}、Mg^{2+}、Na^+、K^+ 等离子结合到树脂上，而 H^+ 进入水中，于是就除去了水中的金属阳离子杂质。水通过阴离子交换树脂时，交换基团中的 OH^- 可 HCO_3^-、Cl^-、SO_4^{2-} 等离子交换，从而将这些阴离子除去，而交换出来的 OH^- 与 H^+ 发生中和反应，这样就得到了高纯水。

交换反应可简单表示为：

$$2R—SO_3H+Ca(HCO_3)_2 \longrightarrow (R—SO_3)_2Ca+2H_2CO_3$$

$$R—SO_3H+NaCl \longrightarrow R—SO_3Na+HCl$$

$$R—N(CH_3)_3OH+NaHCO_3 \longrightarrow R—N(CH_3)_3HCO_3+NaOH$$

$$R—N(CH_3)_3OH+H_2CO_3 \longrightarrow R—N(CH_3)_3HCO_3+H_2O$$

$$HCl+NaOH \longrightarrow H_2O+NaCl$$

本实验用自来水通过混合阳、阴离子交换树脂来制备纯水。

【试剂与仪器】

717 强碱性阴离子交换树脂，732 强酸性阳离子交换树脂，NaOH(2 mol·L^{-1})，HCl(2 mol·L^{-1})，HNO_3(2 mol·L^{-1})，$AgNO_3$(0.1mol·L^{-1})，NH_3-NH_4Cl 缓冲溶液(pH=10)，铬黑 T 指示剂。

电导率仪，电导电极，酸度计，离子交换柱（也可用碱式滴定管代替），玻璃纤维（棉花），乳胶管，螺旋夹，pH 试纸。

【实验内容】

1. 树脂的预处理

将 717(201×7) 强碱性阴离子交换树脂用 NaOH(2 mol·L^{-1})浸泡 24 h，使其充分转为 OH^- 型（实验前处理好）。取 OH^- 型阴离子交换树脂 10 mL，放入烧杯中，待树脂沉降后倾去碱液。加 20 mL 蒸馏水搅拌、洗涤，待树脂沉降后，倾去上层溶液，将水尽量倒净，重复洗涤至接近中性（用 pH 试纸检验，pH=7～8）。

将 732(001×7) 强酸性阳离子交换树脂用 HCl(2 mol·L^{-1})浸泡 24 h，使其充分转为 H^+ 型(实验前处理好)。取 H^+ 型阳离子交换树脂 5 mL 置于烧杯中，待树脂沉降后倾去上层酸液，用蒸馏水洗涤树脂，每次大约 20 mL，洗至接近中性(用 pH 试纸检验，pH=5～6)。最后把处理好的阳、阴离子交换树脂混合均匀。

2. 装柱

在一支长约 30 cm、直径 1 cm 的交换柱内，底部放一团玻璃纤维或脱脂棉，下部通过乳胶管与尖嘴玻璃管相连，用螺旋夹夹住乳胶管，将交换柱固定在铁架台上(图 3-1)。在柱中注入少量蒸馏水，排出管内玻璃纤维和尖嘴中的空气，然后将已处理并混合好的树脂与水一起，从上端倾入柱中，树脂沿水下沉，这样不会导致带入气泡。若水过满，可打开螺旋夹放水，当上部残留的水达 1 cm 时，在顶部也装入一小团玻璃纤维，防止注入溶液时将树脂冲起。在整个操作过程中，树脂要一直保持被水覆盖。如果树脂床中进入空气，会产生偏流使交换效率降低，若出现这种情况，可用玻璃棒搅动树脂层赶走气泡。

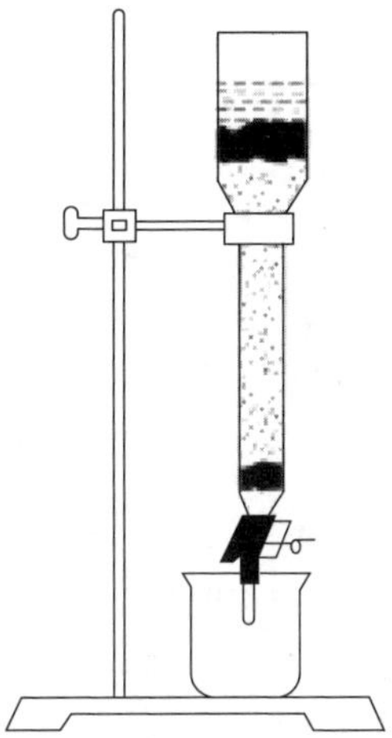

图 3-1 混合离子交换柱

3. 纯水制备

将自来水慢慢注入交换柱中，同时打开螺旋夹，使水成滴流出(流速为每秒 1～2 滴)，等流过约 10 mL 以后，接取流出液作水质检验，直至检验合格。

4. 水质检验

(1) 化学检验

① 检验 Ca^{2+}、Mg^{2+} 分别取 5 mL 交换水和自来水，各加入 3～4 滴 NH_3-NH_4Cl 缓冲溶液及 1 滴铬黑 T 指示剂，观察现象。交换过的水呈蓝色，表示基本上不含 Ca^{2+}、Mg^{2+}。

② 检验 Cl^- 分别取 5 mL 交换水和自来水，各加入 1 滴 2 mol·L^{-1} HNO_3 和 1 滴 0.1 mol·L^{-1} $AgNO_3$ 溶液，观察现象。交换水无白色沉淀，表示基本上不含 Cl^-。

(2) 物理检验

① 电导率测定　用电导率仪分别测定交换水和自来水的电导率。

水中杂质离子越少，水的电导率就越小，用电导率仪测定电导率可间接表示水的纯度，习惯上用电阻率(即电导率的倒数)表示水的纯度。理想纯水有极小的电导率，其电阻率在25℃时为 1.8×10^{7} Ω·cm(电导率为 0.056 μS·cm^{-1})。普通化学实验用水在 1.0×10^{5} Ω·cm(电导率为 10 μS·cm^{-1})，若交换水的测定达到这个数值，即为合乎要求。

② pH 值测定　用酸度计分别测定交换水和自来水的 pH 值。

【思考题】

1. 离子交换法制纯水的基本原理是什么？
2. 装柱时为何要赶净气泡？
3. 钠型阳离子交换树脂和氯型阴离子交换树脂为什么在使用前要分别用酸、碱处理？

实验 2　理想气体状态方程测定铝锌合金金属含量

【实验目的】

1. 熟悉理想气体状态方程的应用。
2. 掌握量气管操作。
3. 学习分析天平的使用方法。
4. 了解运用 Excel 处理数据的方法。

【实验原理】

一定质量的铝锌合金样品与过量的盐酸反应式为：

$$Al+3H^{+} \longrightarrow Al^{3+}+\frac{3}{2}H_2\uparrow$$

$$Zn+2H^{+} \longrightarrow Zn^{2+}+H_2\uparrow$$

设铝锌合金中铝的质量分数为 w，则：

$$n(H_2)=\frac{3mw}{2M(Al)}+\frac{m(1-w)}{M(Zn)} \qquad (3\text{-}1)$$

式中，$n(H_2)$为生成氢气的物质的量；m 为合金样品的质量；$M(Al)$和 $M(Zn)$分别为 Al 和 Zn 的摩尔质量。

实验装置如图 3-2 所示，反应前当量气管和漏斗液面相平时，量气管内有空气和水蒸气，总压力等于大气压，根据气体分压定律有：

$$p=p(空气)+p(H_2O) \qquad (3\text{-}2)$$

反应后的量气管中不仅有空气和水蒸气，还有生成的氢气，当量气管和漏斗液面相平时：

$$p=p'(空气)+p'(H_2O)+p(H_2) \qquad (3\text{-}3)$$

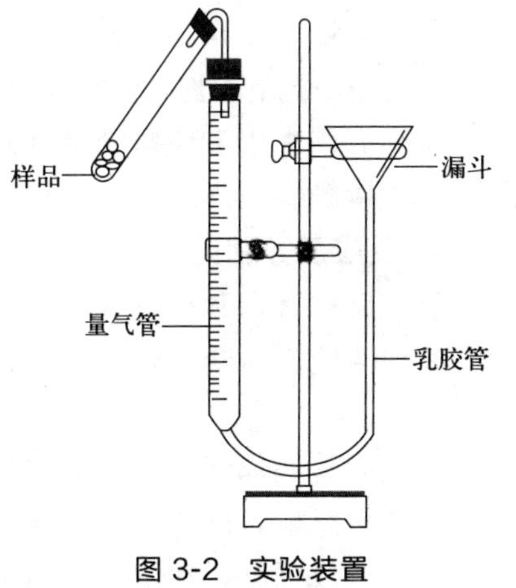

图 3-2　实验装置

如果保持反应前后温度不变，则水蒸气的分压相等，等于该温度下的饱和蒸气压：

$$p(H_2O)=p'(H_2O)$$

假设反应前气体总体积为 V_1，反应后总体积为 V_2，反应前后空气质量不变，则：

$$p(空气)V_1=p'(空气)V_2$$

由式(3-3)×V_2－式(3-2)×V_1 得：

$$p(V_2-V_1)=p(H_2O)(V_2-V_1)+p(H_2)V_2 \qquad (3\text{-}4)$$

由理想气体状态方程可知：$p(H_2)V_2=n(H_2)RT$，则

$$n(H_2)=\frac{[p-p(H_2O)](V_2-V_1)}{RT}$$

因此可以通过测量反应前后气体体积的变化值和反应温度下的大气压强及水饱和蒸气压，来计算生成氢气的量，代入到式(3-1)中计算质量分数 w。

【试剂与仪器】

铝锌合金片，HCl(2 mol·L^{-1})。

玻璃试管，弯管，橡皮塞，量筒(5 mL)，量气管，乳胶管，长颈漏斗，分析天平，大气压力表。

【实验内容】

1. 连接装置

按图 3-2 所示安装好量气管与长颈漏斗。往量气管内装蒸馏水至略低于刻度 0～5 mL，保证漏斗中有一定量的蒸馏水。上下移动漏斗以赶净乳胶管和量气管内壁的气泡。

2. 检查装置气密性

确认没有气泡后塞紧连接反应管和量气管的塞子。将漏斗向下移动一段距离，并保持在一定位置不动。如量气管中的液面只在刚开始时稍有下降，约 3 ～ 5 min 后即维持恒定，表明装置不漏气；如量气管内液面一直下降或上升，说明装置漏气，应检查各连接处是否严密。重复操作直至不漏气为止。

3. 样品准备

用量筒量取 4 mL 2 mol·L^{-1} HCl 溶液，由长颈漏斗注入反应管中（切勿使酸沾在反应管壁上）。在分析天平上称取约 0.03 g 铝锌合金样品（准确称至 0.0001 g）。将称量好的合金样品蘸少许水用玻璃棒轻推至倾斜的反应管内，使之贴在反应管内壁的上部，确保合金样品不与酸接触。

4. 反应及数据记录

装好反应管塞紧橡皮塞，并再次检查装置是否漏气。确保装置不漏气后，调整漏斗位置，使漏斗液面与量气管内液面在同一水平面，记下量气管内液面的位置 V_1，读数准确到 0.01 mL。

将反应管底部略微抬高(切勿使装置漏气)，使酸液接触合金样品后，合金样品即能滑入酸中，开始反应，反应产生的氢气进入量气管，将管内的水压到漏斗中。为避免量气管中压力过大而造成漏气，在量气管内水平面下降的同时，慢慢下移漏斗，使两者的水面基本保持相同水平。

反应完毕，待反应管冷却至室温，移动漏斗，使其液面与量气管液面相平，记下量气管中液面位置 V_2，稍等 1～2min，直到读数不变再记录液面位置。

【数据记录】

实验数据记录表如表 3-1 所示。

表 3-1　铝锌合金金属含量测定

项目		实验 1	实验 2
铝锌合金样品质量	m/g		
反应前量气管液面读数	V_1/mL		
反应后量气管液面读数	V_2/mL		
大气压	p/kPa		
室温	T/K		

续表

项目		实验 1	实验 2
室温时水的饱和蒸气压	$p(H_2O)/Pa$		
合金中铝的质量分数	$w/\%$		
合金中锌的质量分数	$(100-w)/\%$		

【思考题】

1. 反应开始后溶液会变成灰黑色，为什么？

2. 如果没有去除气泡会对氢气测量产生什么影响？

3. 反应开始后，由于气体生成较多，导致漏斗的水溢出，该如何处理？对测量结果是否有影响？

实验 3　化学反应速率方程及活化能的测定

【实验目的】

1. 测定过二硫酸铵与碘化钾反应的反应速率，掌握反应级数、速率常数和活化能的计算方法。

2. 熟悉浓度、温度和催化剂对化学反应速率的影响。

3. 学习使用恒温水浴锅控制反应温度。

【实验原理】

在水溶液中，过二硫酸铵和碘化钾可发生如下反应：

$$S_2O_8^{2-} + 3I^- \longrightarrow 2SO_4^{2-} + I_3^- \tag{3-5}$$

该反应的速率方程可表示为：

$$v = kc^m(S_2O_8^{2-})c^n(I^-)$$

式中，v 是初始状态的瞬时反应速率；$c(S_2O_8^{2-})$、$c(I^-)$分别是过二硫酸铵和碘化钾的初始浓度；k 是速率常数；m、n 是反应级数。

如果在较短的反应时间，加入过量的反应物，认为其浓度变化可以忽略，此时可用该反应在一段时间(Δt)内的平均速率来代替瞬时反应速率 v。

为测量平均反应速率，在反应开始时，加入一定量的 $Na_2S_2O_3$ 溶液和淀粉溶液（指示剂），这样在反应体系中还存在以下反应：

$$2S_2O_3^{2-} + I_3^- \longrightarrow S_4O_6^{2-} + 3I^- \tag{3-6}$$

反应(3-6)比反应(3-5)快得多，反应(3-5)生成的 I_3^- 与 $S_2O_3^{2-}$ 迅速反应而消耗掉。待 $S_2O_3^{2-}$ 耗尽，反应(3-5)生成的微量 I_3^- 就立即与淀粉作用，使溶液呈蓝色，因此：

$$\Delta c(S_2O_8^{2-}) = -\Delta c(S_2O_3^{2-})/2$$

由上式可计算得到反应（3-5）的瞬时速率近似等于平均速率：

$$v \approx -\Delta c(S_2O_3^{2-})/(2\Delta t)$$

改变反应物浓度，分别测定一系列反应速率，代入上面的反应速率方程，联立方程式可解得 k、m 和 n。

通过测定不同温度下的反应速率，可求出不同温度的 k，根据阿伦尼乌斯公式计算反应的活化能 E_a。

【试剂与仪器】

$(NH_4)_2S_2O_8$(0.20 mol·L^{-1})，KI(0.20 mol·L^{-1})，$Na_2S_2O_3$(0.010 mol·L^{-1})，KNO_3(0.20 mol·L^{-1})，$(NH_4)_2SO_4$(0.20 mol·L^{-1})，$Cu(NO_3)_2$(0.020 mol·L^{-1})，淀粉溶液(2%)。

秒表，温度计，恒温水浴锅，烧杯(100 mL)，量筒(10 mL)，玻璃棒。

【实验内容】

1. 浓度对反应速率的影响

用量筒量取 20 mL KI(0.20 mol·L^{-1})、8 mL $Na_2S_2O_3$(0.010 mol·L^{-1})、2 mL 淀粉溶液(2%)，置于烧杯(100 mL)中，用玻璃棒搅拌均匀。用量筒量取 20 mL$(NH_4)_2S_2O_8$ 溶液(0.20 mol·L^{-1})，迅速加到盛有上述混合溶液的烧杯中，立即按动秒表计时，同时用玻璃棒搅拌溶液。观察溶液颜色变化，刚一出现蓝色立即停止计时，记录反应时间，将结果记录到实验报告表格（表 3-2）的相应位置。调整 KI 和$(NH_4)_2S_2O_8$的用量，继续进行表格中编号 2 ～ 5 的实验内容，得到不同反应物浓度的反应速率。实验数据填入相应表格中。计算反应的 m、n、$(m+n)$和 k。

表 3-2　浓度对反应速率的影响　　　　室温：　　℃

项目		实验编号				
		1	2	3	4	5
试剂用量 V/mL	0.20 mol·L^{-1} KI	20	20	20	10	5
	0.010 mol·L^{-1} $Na_2S_2O_3$	8	8	8	8	8
	2%淀粉溶液	2	2	2	2	2
	0.20 mol·L^{-1} KNO_3	0	0	0	10	15
	0.20 mol·L^{-1} $(NH_4)_2SO_4$	0	10	15	0	0
	0.20 mol·L^{-1} $(NH_4)_2S_2O_8$	20	10	5	20	20
起始浓度 c/(mol·L^{-1})	$(NH_4)_2S_2O_8$					
	KI					
	$Na_2S_2O_3$					
反应时间 Δt/s						
$\Delta c(S_2O_8^{2-})$/(mol·L^{-1})						
反应速率 v						
反应速率常数 k						
反应级数						

2. 温度对反应速率的影响

按照实验编号 4 的反应物浓度配比，向烧杯 1 中放入 10 mL KI(0.20 mol·L^{-1})、8 mL $Na_2S_2O_3$(0.010 mol·L^{-1})、10 mL KNO_3(0.20 mol·L^{-1}) 和 2 mL 淀粉溶液，混合搅拌均匀，向烧杯 2 中加入 20 mL $(NH_4)_2S_2O_8$溶液(0.20 mol·L^{-1})。将两个烧杯同时放入水浴锅中，待两个烧杯中的溶液温度达到水浴温度，把烧杯 2 中的$(NH_4)_2S_2O_8$迅速倒入烧杯 1 中，搅拌混匀，同时按动秒表计时。当溶液刚出现蓝色时，停止计时。记录反应时间和温度，实验数据填入相应表格(表 3-3)中。分别在高于室温 10 ℃、20 ℃和 30 ℃条件下重复实验，计算反应速率常数 k 和反应活化能 E_a。

表 3-3　温度对反应速率的影响

项目	实验编号			
	4	6	7	8
反应温度 T/K				
反应时间 Δt/s				
$\Delta c(S_2O_8^{2-})/(mol \cdot L^{-1})$				
反应速率 v				
反应速率常数 k				
活化能 $E_a/kJ \cdot mol^{-1}$				

3. 催化剂对反应速率的影响

室温下，按照实验编号 4 的反应物浓度配比，分别将烧杯中放入 10 mL KI(0.20 mol·L^{-1})、8 mL $Na_2S_2O_3$(0.010 mol·L^{-1})、10 mL KNO_3(0.20 mol·L^{-1}) 和 2 mL 淀粉溶液，并加入 1 滴或 2 滴 $Cu(NO_3)_2$，混合搅拌均匀。迅速加入 20 mL $(NH_4)_2S_2O_8$ 溶液(0.20 mol·L^{-1})，记录反应时间，填入表格(表 3-4)相应位置中。根据数据得出结论。

表 3-4　催化剂对反应速率的影响　　　　室温：　℃

项目	实验编号		
	4	9	10
$Cu(NO_3)_2$溶液/滴			
反应时间 Δt/s			
反应速率 v			
反应速率常数 k			

【思考题】

1. 过二硫酸铵为什么必须最后加入？
2. 为什么在溶液变蓝色之前不能停止搅拌？
3. KNO_3 和$(NH_4)_2SO_4$ 在反应体系中起到什么作用？
4. 溶液中出现蓝色时反应是否还在继续？

实验4　醋酸解离平衡及缓冲溶液性质

【实验目的】

1. 学习测定醋酸解离度和解离常数的基本原理和方法，加深对弱电解质解离平衡的理解。

2. 学习 pH 计的使用方法。

3. 掌握缓冲溶液的配制方法，了解缓冲溶液的性质。

【实验原理】

醋酸(HAc)是弱电解质，在水溶液中存在着下列解离平衡：

$$HAc \rightleftharpoons H^+ + Ac^-$$

	HAc	H^+	Ac^-
起始浓度	c	0	0
平衡浓度	$c-c\alpha$	$c\alpha$	$c\alpha$

其中，c 是 HAc 的起始浓度；α 是 HAc 溶液的浓度为 c 时的解离度，则 HAc 的解离常数 $K_a^\ominus$ 为

$$K_a^\ominus=\frac{[c(H^+)/c^\ominus][c(Ac^-)c^\ominus]}{c(HAc)/c^\ominus}=\frac{[c(H^+)/c^\ominus]^2}{c/c^\ominus-c(H^+)/c^\ominus}$$

$c(H^+)$、$c(Ac^-)$、$c(HAc)$均为平衡浓度。一般情况下，当 $K_a^\ominus/c\geqslant 500$ 时，弱酸的解离度 $\alpha<5\%$，此时采用近似计算，结果的相对误差小于 2%，$c-c(H^+)\approx c$，则：

$$K_a^\ominus=[c(H^+)/c^\ominus]^2/(c/c^\ominus)$$

根据解离度定义得：　$\alpha=c(H^+)/c\times 100\%$

弱酸及其共轭碱或弱碱及其共轭酸组成的溶液能够抵抗外加的少量酸碱或稀释而基本保持溶液 pH 不变的作用称为缓冲作用，具有缓冲作用的溶液称为缓冲溶液。

弱酸及其共轭碱组成的缓冲溶液的 pH 可由下式求出：

$$pH=pK_a^\ominus-\lg\frac{c_a/c^\ominus}{c_b/c^\ominus}$$

式中，$K_a^\ominus$ 是弱酸的解离常数；c_a 和 c_b 分别是弱酸及其共轭碱在缓冲溶液中的平衡浓度。

弱碱及其共轭酸组成的缓冲溶液的 pOH 可由下式求出：

$$pOH=pK_b^\ominus-\lg\frac{c_b/c^\ominus}{c_a/c^\ominus}$$

式中，$K_b^\ominus$ 是弱碱的解离常数；c_b 和 c_a 分别是弱碱及其共轭酸在缓冲溶液中的平衡浓度。

【试剂与仪器】

HAc($0.1\ mol\cdot L^{-1}$)，NaAc($0.1\ mol\cdot L^{-1}$)，$NH_3\cdot H_2O$($0.1\ mol\cdot L^{-1}$)，NH_4Cl($0.1\ mol\cdot L^{-1}$)。

酸度计，烧杯(100mL)，量筒(25 mL、50 mL)。

【实验内容】

1. 不同浓度的醋酸溶液的配制及 pH 的测定

用量筒量出 6.0 mL、12.0 mL、24.0 mL、48.0 mL 醋酸(0.1 $mol \cdot L^{-1}$)溶液，分别置于四个干燥洁净的 100 mL 烧杯中，然后用蒸馏水稀释至 48.0 mL，计算出这四份醋酸溶液的浓度。

按由稀到浓的顺序用酸度计分别测定上述不同浓度醋酸溶液的 pH，记录各份溶液的 pH 值及实验室的温度，计算各溶液中醋酸的解离度及其解离常数，把数据填入表 3-5 中。

表 3-5　HAc 溶液的解离常数和解离度的测定　　室温：____℃

编号	HAc 体积 /mL	稀释后体积 /mL	初始浓度 c /($mol \cdot L^{-1}$)	pH 实测值	平衡时 c_{H^+} /($mol \cdot L^{-1}$)	α	$K_a^{\ominus}$ 测定值	$K_a^{\ominus}$ 平均值
1	6.0	48.0						
2	12.0	48.0						
3	24.0	48.0						
4	48.0	48.0						

2. 缓冲溶液的配制及性质

(1) 缓冲溶液的配制

选用 0.1 $mol \cdot L^{-1}$ HAc、0.1 $mol \cdot L^{-1}$ NaAc、0.1 $mol \cdot L^{-1}$ $NH_3 \cdot H_2O$、0.1 $mol \cdot L^{-1}$ NH_4Cl 溶液，分别配制 pH=4.00，pH=9.00 的缓冲溶液各 80 mL，并用酸度计测定各缓冲溶液的 pH，比较实测值和理论值是否相符。缓冲溶液保留待用。将数据记入表 3-6 中。

表 3-6　缓冲溶液的配制及 pH 值的测定

缓冲溶液	pH 值	缓冲组分	各组分体积 V/mL	pH(实测值)
1	4.00			
2	9.00			

(2) 缓冲溶液的性质

取 3 个 100 mL 的烧杯，各加入上述配制好的 pH=4.00 左右的缓冲溶液 20 mL，再分别滴加 10 滴 0.1 $mol \cdot L^{-1}$ HCl、10 滴 0.1 $mol \cdot L^{-1}$ NaOH 溶液和 20 mL 蒸馏水。混匀后，用酸度计测定各溶液的 pH，将实验结果记入表 3-7 中。将 pH=9.00 左右的缓冲溶液重复上述操作。

取 34 mL 0.1 $mol \cdot L^{-1}$ HAc 溶液和 6 mL 蒸馏水，混匀后用酸度计测定其 pH。用两个烧杯各取该溶液 20 mL，分别加入 10 滴 0.1 $mol \cdot L^{-1}$ HCl、10 滴 0.1 $mol \cdot L^{-1}$ NaOH 溶液，混匀后，用酸度计测定各溶液的 pH。将实验结果记入表 3-7。

取 6 mL 0.1 $mol \cdot L^{-1}$ NaAc 溶液和 34 mL 蒸馏水混合，重复上述操作。

表 3-7 缓冲溶液的性质

溶液	pH_1 值	加入试剂	pH_2 值	ΔpH 值
pH=4 的缓冲溶液		10 滴 HCl		
		10 滴 NaOH		
		20 mL 蒸馏水		
pH=9 的缓冲溶液		10 滴 HCl		
		10 滴 NaOH		
		20 mL 蒸馏水		
34 mL 0.1 $mol \cdot L^{-1}$ HAc 溶液和 6 mL 蒸馏水		10 滴 HCl		
		10 滴 NaOH		
6 mL 0.1 $mol \cdot L^{-1}$ NaAc 溶液和 34 mL 蒸馏水		10 滴 HCl		
		10 滴 NaOH		

【思考题】

1. 为什么不同浓度 HAc 溶液的解离度和解离常数的变化规律不同？
2. pH 的测定受哪些因素的影响？
3. 缓冲溶液的缓冲能力由什么决定？

实验5 沉淀溶解平衡

【实验目的】

1. 巩固对溶度积原理的理解和溶度积规则的应用。
2. 理解沉淀的生成、溶解、转化和分步沉淀的基本原理。
3. 了解影响沉淀溶解平衡的因素。
4. 学习滴管滴瓶的使用。

【实验原理】

一定温度下，难溶强电解质 A_mB_n 的水溶液中，当溶解速度与沉淀速度相等时，即达到沉淀溶解的多相平衡状态，溶液为该物质的饱和溶液。溶液中存在下列平衡：

$$A_mB_n(s) \rightleftharpoons mA^{n+}(aq)+nB^{m-}(aq)$$

该反应的平衡常数（溶度积常数，简称溶度积）为：

$$K_{sp}^{\ominus}=[c(A^{n+})/c^{\ominus}]^m[c(B^{m-})/c^{\ominus}]^n$$

溶度积常数只与难溶强电解质的性质和温度有关，其数值体现了难溶强电解质在水中解离的趋势，在一定程度上表示电解质的溶解能力。

在任意状态下，离子积 Q 是沉淀溶解反应的反应商。而溶度积 $K_{sp}^{\ominus}$ 是沉淀溶解达到平衡时的离子积。

溶度积原理指的是：

① 若 $Q>K_{sp}^{\ominus}$，溶液处于过饱和状态，有沉淀生成。

② 若 $Q=K_{sp}^{\ominus}$，溶液为饱和溶液，沉淀-溶解达到平衡。

③ 若 $Q<K_{sp}^{\ominus}$，溶液为不饱和溶液，若溶液中已有沉淀存在，则沉淀会溶解。

分步沉淀是指向含有两种以上离子的溶液中加入一种共沉淀剂，所需沉淀剂浓度最小的离子最先形成沉淀析出，其它离子依离子积达到溶度积的顺序先后析出的现象，即离子积先达到溶度积的沉淀先析出。

沉淀转化是指由一种难溶化合物借助某种试剂转化为另一种难溶化合物的过程。通常情况是难溶物转化为溶解度更小的另一难溶物。对于同一类型的难溶强电解质，当两种难溶物的溶度积相差较大时(大约 10^6)，溶度积大的难溶物转化为溶度积小的难溶物，如 AgCl 沉淀可以很容易地转化为 AgI 沉淀，而当溶度积差别不大或沉淀类型不同时，应视具体情况计算总平衡常数，综合分析。

沉淀的溶解可根据溶度积规则，通过反应降低与沉淀溶解平衡相关离子的浓度，导致沉淀溶解平衡向沉淀溶解的方向移动，使沉淀溶解。降低与沉淀溶解平衡相关离子的浓度的方法包括酸碱中和、生成配合物、氧化还原或者多种方法的综合。

【试剂与仪器】

浓度均为 $0.1\ mol\cdot L^{-1}$ 的 $Pb(NO_3)_2$、KI、NaCl、$AgNO_3$、Na_2S、$CaCl_2$、$MgCl_2$、$Mn(NO_3)_2$、$K_4[Fe(CN)_6]$、NaOH，K_2CrO_4($0.05\ mol\cdot L^{-1}$)，$Pb(NO_3)_2$($0.001\ mol\cdot$

L^{-1})，KI(0.001 mol·L^{-1})，$CuSO_4$(0.2 mol·L^{-1})，NH_4Cl(3 mol·L^{-1})，$(NH_4)_2C_2O_4$(饱和)，HCl(6 mol·L^{-1})，HNO_3(6 mol·L^{-1})，H_2SO_4(3 mol·L^{-1})，HAc(6 mol·L^{-1})，$NH_3·H_2O$(6 mol·L^{-1})，$NaBiO_3$(s)。

试管，离心管，离心机，水浴锅。

【实验内容】

1. 沉淀的生成

取两支试管，其中一支分别加入两滴 0.1 mol·L^{-1} $Pb(NO_3)_2$ 和两滴 0.1 mol·L^{-1} KI，振荡；另一支加入 0.001 mol·L^{-1} $Pb(NO_3)_2$ 和 0.001 mol·L^{-1} KI 各两滴，振荡。对比观察实验现象，做好记录，并用溶度积原理做出解释。

2. 分步沉淀

取一支试管，加入 5 滴 0.1 mol·L^{-1} NaCl 和 5 滴 0.05 mol·L^{-1} K_2CrO_4 振荡使其混合均匀，向试管中继续滴加 0.1 mol·L^{-1} $AgNO_3$，注意每加入一滴，都要充分振荡，观察沉淀的生成情况，记录实验现象，并做出合理解释。

3. 沉淀的转化

取一支离心管，加入 5 滴 0.1 mol·L^{-1} $AgNO_3$ 和 5 滴 0.1 mol·L^{-1} NaCl，振荡至充分沉淀。离心分离，弃去上清液，用蒸馏水洗涤沉淀并离心，重复洗涤三次。向处理过的沉淀滴加 0.1 mol·L^{-1} KI，观察沉淀的变化，将沉淀继续离心洗涤，再滴加 0.1 mol·L^{-1} Na_2S，记录实验现象，并做出合理解释。

4. 沉淀的溶解

(1) 酸碱反应对沉淀溶解的影响

制备 CaC_2O_4 沉淀。取两支离心管分别加入 5 滴 0.1 mol·L^{-1} $CaCl_2$ 和 3 滴饱和 $(NH_4)_2C_2O_4$，待充分沉淀后，离心，移去上清液，收集沉淀。

分别在两个沉淀上滴加 6 mol·L^{-1} HCl 和 6 mol·L^{-1} HAc，观察沉淀是否溶解，并做出解释。

制备 $Mg(OH)_2$ 沉淀。取一支离心管，加入 3 滴 0.1 mol·L^{-1} $MgCl_2$，继续滴加 0.1 mol·L^{-1} NaOH，待充分沉淀后，离心，移去上清液，收集沉淀。

向沉淀上滴加 3 mol·L^{-1} NH_4Cl，观察沉淀是否溶解，并做出解释。

(2) 配位反应对沉淀溶解的影响

制备 AgCl 沉淀。取一支试管，加入 2 滴 0.1 mol·L^{-1} $AgNO_3$ 和 2 滴 0.1 mol·L^{-1} NaCl，充分沉淀。在含有沉淀的溶液中直接滴加 6 mol·L^{-1} 的 $NH_3·H_2O$，观察现象，并做出解释。

取两支离心管，分别加入 5 滴 0.1 mol·L^{-1} Na_2S 和 5 滴饱和 $(NH_4)_2C_2O_4$，向两支离心管中滴加 0.2 mol·L^{-1} $CuSO_4$，观察沉淀的生成情况。离心，收集沉淀。分别向沉淀中滴加 6 mol·L^{-1} 的 $NH_3·H_2O$，观察实验现象，记录并加以解释。由实验现象判断 CuS 和 CuC_2O_4 的溶度积大小。

(3) 氧化还原对沉淀溶解的影响

制备 CuS 沉淀。取离心管，加入 3 滴 0.2 mol·L^{-1} $CuSO_4$，滴加 0.1 mol·L^{-1} Na_2S，

待充分沉淀后，离心，移去上清液，收集沉淀。向沉淀中加入 10 滴 6 $mol \cdot L^{-1}$ HNO_3，水浴加热，观察实验现象，记录，并加以解释。

5. 利用溶度积规则分离 Cu^{2+} 和 Mn^{2+}

Cu^{2+} 和 Mn^{2+} 在水溶液里共存时，可以利用生成硫化物沉淀的方式将二者分离。由于 CuS 的溶度积较小，CuS 很难溶解，而相对而言，MnS 可以较易溶解在酸性溶液中，因此通过调节硫化物的 pH 可以达到分离的效果。

依照实验内容 4(3)，分别制备 CuS 和 MnS 沉淀，仔细观察沉淀特征，离心洗涤后，滴加 3 $mol \cdot L^{-1}$ H_2SO_4，观察沉淀是否溶解。

另取一支离心管，加入 3 滴 0.2 $mol \cdot L^{-1}$ $CuSO_4$ 和 6 滴 0.1 $mol \cdot L^{-1}$ $Mn(NO_3)_2$，混合均匀，加入 1 mL 3 $mol \cdot L^{-1}$ H_2SO_4，继续滴加 0.1 $mol \cdot L^{-1}$ Na_2S，至无沉淀生成，水浴加热，离心，在离心后的上清液中继续滴加 0.1 $mol \cdot L^{-1}$ Na_2S，若无沉淀生成，说明已经沉淀完全。若有沉淀，则继续滴加 Na_2S，至沉淀完全。离心分离。

沉淀用蒸馏水洗涤 3 次，加入 10 滴 6 $mol \cdot L^{-1}$ HNO_3，水浴加热，待沉淀溶解后，将溶液分成两份，转移至试管，向一支试管中滴加 0.1 $mol \cdot L^{-1}$ $K_4[Fe(CN)_6]$溶液，另一支试管中加入 3 滴 3 $mol \cdot L^{-1}$ H_2SO_4 和少量 $NaBiO_3$ 固体，观察现象，判断沉淀中是否含有 Cu^{2+} 和 Mn^{2+}。

上清液分成两份，转移至试管，向一支试管中滴加 $K_4[Fe(CN)_6]$溶液，判断是否有 Cu^{2+}。将另一支试管先水浴加热，去除多余的 H_2S，冷却后加入 3 滴 3 $mol \cdot L^{-1}$ H_2SO_4 和少量 $NaBiO_3$ 固体，观察现象，判断沉淀中是否含有 Mn^{2+}。

由以上实验现象推断溶液中 Cu^{2+} 和 Mn^{2+} 是否被分离，并解释原理。

【注意事项】

1. 滴管操作注意不能将滴管伸入试管内，更不能将滴管插入到溶液中，通常滴管与试管口应保持 0.5 cm 距离，滴管尽量保持垂直于地面。

2. 注意滴加与加入的区别，滴加要求每加入一滴试剂都必须摇匀，观察后再加入下一滴试剂。

3. Cu^{2+} 和 Mn^{2+} 的鉴定反应：

$$2Cu^{2+} + [Fe(CN)_6]^{4-} = Cu_2[Fe(CN)_6]\downarrow \text{（红棕色）}$$

$$2Mn^{2+} + 5NaBiO_3 + 14H^+ = 2MnO_4^- + 5Na^+ + 5Bi^{3+} + 7H_2O$$

【思考题】

1. 分步沉淀是由哪几个因素决定的？
2. 设计实验将 1g $BaSO_4$ 固体溶解。
3. 在实验过程中通常如何判断是否沉淀完全？
4. 沉淀反应在离心之前往往需要加热，加热的作用是什么？

实验 6　硝酸钾的提纯和溶解度测定

【实验目的】

1. 掌握结晶和重结晶的原理和操作方法。
2. 学习易溶盐的溶解度与温度的关系，掌握溶解度曲线的绘制。
3. 巩固常压过滤和减压过滤等基本实验操作。

【实验原理】

当采用转化法制备硝酸钾时，发生的反应是可逆的。由于 KCl 和 $NaNO_3$ 都是离子晶体，其溶液混合时，物质以离子形式存在，因此溶液中存在阴阳离子两两组成的四种盐 KNO_3、$NaNO_3$、KCl 和 NaCl，它们在不同温度下在水中的溶解度见表 3-8。

表 3-8　四种盐在不同温度下在水中的溶解度　单位：g·(100g H_2O)$^{-1}$

盐	0 ℃	10 ℃	20 ℃	30 ℃	40 ℃	60 ℃	80 ℃	100 ℃
KNO_3	13.3	20.9	31.6	45.8	63.9	110.0	169.0	246.0
$NaNO_3$	73.0	80.0	88.0	96.0	104.0	124.0	148.0	180.0
KCl	27.6	31.0	34.0	37.0	40.0	45.5	51.1	56.7
NaCl	35.7	35.8	36.0	36.3	36.6	37.3	38.4	39.8

根据这四种盐在不同温度下在水中的溶解度变化可知：KNO_3 在温度较高时溶解度很大，且随着温度的降低，其溶解度显著减小；$NaNO_3$ 和 KCl 随着温度的降低溶解度减小的趋势较为缓慢；NaCl 的溶解度随温度的变化不大。依据此差别，将 KCl 和 $NaNO_3$ 混合加热，在较高温度下蒸发浓缩，随着浓缩的不断进行，NaCl 先析出，而 KNO_3 并不析出，由此可通过热过滤去除 NaCl，随后将此溶液迅速冷却，大量 KNO_3 即析出，可以得到 KNO_3 粗产品。而在第一次结晶过程中会混有少量的 NaCl，再经过重结晶进行提纯，可得到纯度较高的 KNO_3 产品。

易溶盐溶解度的测定方法有析晶法和溶质质量法。溶质质量法中涉及恒温控制，实际过程不易操作，且溶液转移时易损失试剂、易导致测定结果不准，因此本实验采用析晶法测定 KNO_3 的溶解度，即在加热条件下将一定量的盐溶解在一定量的水中，使之成为不饱和溶液，当溶液缓慢冷却至刚有晶体析出时，测得溶液温度，此时根据盐和水的质量就可以计算该温度下的溶解度。离子晶体在水中的溶解度可以通过一定温度下在饱和水溶液中的质量来计算，以 100 g 水中所溶解的溶质的质量(g)来表示。

【试剂与仪器】

粗制 KNO_3，$AgNO_3$(0.1 mol·L^{-1})。

量筒(25 mL)，烧杯(50 mL)，试管，电子天平(分度值为 0.01 g)，水浴锅，玻璃棒，温度计，定性滤纸，抽滤装置，布氏漏斗。

【实验内容】

1. 硝酸钾的提纯

按固液质量比 1∶2 将粗制硝酸钾溶于蒸馏水中，加热搅拌，待晶体全部溶解后停止加热，冷却至室温，抽滤，将固体烘干，得到纯度较高的 KNO_3 晶体，称重。

取两支试管，分别加入少量提纯前的粗制 KNO_3 和提纯后的产品，再分别加入少量等体积的蒸馏水溶解后，分别加入 2 滴 0.1 $mol \cdot L^{-1}$ 的 $AgNO_3$ 溶液，观察现象，检测产品纯度。

2. KNO_3 溶解度的测定

① 在一支大试管中加入 3.5 g 干燥的 KNO_3，并加入 10.0 mL 蒸馏水。将试管置于水浴锅中加热(温度不宜太高)，搅拌，至 KNO_3 完全溶解。

② 将试管从水浴锅中取出，插入一支干净的温度计，此时用玻璃棒轻轻搅拌并摩擦试管内壁(搅拌时不要紧贴试管底部)，同时观察温度计的读数。当刚有晶体析出时，立即记录此时的温度 T_1。

③ 将试管再次放入水浴锅中加热，使晶体完全溶解，重复上述操作 2 次，分别测定开始析出晶体时的温度 T_2、T_3。

④ 依次向试管中再加入 1.5 g、1.5 g、2.0 g、2.5 g 干燥的 KNO_3(试管中依次共有 5.0 g、6.5 g、8.5 g、11.0 g KNO_3)，每次加入 KNO_3 后都重复溶解、结晶的实验操作，并分别测定开始析出晶体时的温度(重复 3 次)。

【数据记录】

将实验数据记录在表 3-9 中。

表 3-9　KNO_3 溶解度的测定

项目	实验编号				
	1	2	3	4	5
KNO_3 的质量/g					
H_2O 的质量/g					
晶体析出时的温度/℃					
在水中的溶解度/$[g \cdot (100g \cdot H_2O)^{-1}]$					

根据所得数据，以温度为横坐标，溶解度为纵坐标，绘制溶解度曲线。与表 3-8 中的数据进行对照。

【思考题】

1. 硝酸钾中的主要杂质是什么？

2. 提纯实验的抽滤操作，是否需要对抽滤后的产品进行洗涤？如果需要洗涤，该用什么洗涤液？

3. 在本实验测定溶解度时，硝酸钾的质量及水的体积是否需要准确测量？

4. 在测定溶解度时，水的蒸发对实验是否有影响？

实验 7　沉淀溶度积测定

【实验目的】

1. 巩固对溶度积原理的理解。
2. 了解用离子交换法测定溶度积的原理和方法。
3. 熟悉 pH 计的使用。

【实验原理】

一定温度下，难溶强电解质 $CaSO_4$ 的水溶液中存在下列平衡：

$$CaSO_4(s) \rightleftharpoons Ca^{2+}(aq) + SO_4^{2-}(aq)$$

该反应的溶度积常数（简称溶度积）为：

$$K_{sp}^{\ominus} = [c(Ca^{2+})/c^{\ominus}][c(SO_4^{2-})/c^{\ominus}]$$

溶度积常数的测定需要测定溶液中离子的浓度，对 $CaSO_4$ 来说就需要测定饱和溶液中 Ca^{2+} 或者 SO_4^{2-} 的浓度。离子浓度的测定可利用离子交换法、分光光度法、电导率法和离子色谱法等，本实验采用离子交换法测 Ca^{2+} 浓度。利用强酸性阳离子交换树脂，将 $CaSO_4$ 饱和溶液中的一个 Ca^{2+} 与树脂中的 2 个 H^+ 交换，通过测定流出液的氢离子浓度来推算 Ca^{2+} 浓度，从而计算 $K_{sp}^{\ominus}$。

【试剂与仪器】

$CaSO_4(s)$，HCl(2.0 $mol \cdot L^{-1}$)，732 强酸性阳离子交换树脂。

离子交换柱，漏斗，烧杯(100 mL)，移液管(25 mL)，容量瓶(100 mL)，玻璃纤维，pH 计，电子天平，电热板。

【实验内容】

1. 装柱及转化

732 强酸性阳离子交换树脂活性基团为 $R—SO_3Na$，需要经酸洗将其从钠型转化成氢型。交换树脂用 2.0 $mol \cdot L^{-1}$ HCl 浸泡 30 min，离子交换柱底部铺玻璃纤维，将处理好的交换树脂注入，用玻璃棒搅动，赶净气泡。用蒸馏水淋洗交换柱，至 pH 为中性。

2. 饱和溶液制备

称取 0.2 g $CaSO_4$，加入 50 mL 蒸馏水，搅拌使其充分溶解(可适当加热)，常压过滤，收集滤液。

3. 交换与洗涤

用移液管准确移取 25.00 mL $CaSO_4$ 饱和溶液，注入离子交换柱，收集淋洗液。待液面降至树脂层附近，加入 20 mL 蒸馏水淋洗，控制流速在 30 滴/min 左右，并将淋洗液转移至容量瓶中，重复操作，直到流出液为中性。

4. pH 测定

向收集流出液的容量瓶中加入蒸馏水至刻度，定容。取 25 mL 溶液，置于烧杯中，用

pH 计测溶液 pH，计算氢离子浓度，并换算成钙离子浓度，计算 $K_{sp}^{\ominus}$。

【注意事项】

1. 过滤步骤中漏斗、滤纸、烧杯均应干燥，以保证滤液不被稀释。
2. 洗涤离子交换柱的过程中，保证液面高于树脂层。

【思考题】

1. 制备 $CaSO_4$ 饱和溶液时可以煮沸吗？
2. 过滤 $CaSO_4$ 饱和溶液时需要注意哪些问题？
3. 为什么进行离子交换前后都要保持流出液为中性？

实验 8　银氨离子配位数和配合物稳定常数测定

【实验目的】

1. 应用配位平衡和沉淀-溶解平衡的原理测定银氨配离子的组成。
2. 计算银氨配离子的稳定常数。
3. 练习作图法处理实验数据。

【实验原理】

在硝酸银溶液中加入过量的氨水，形成稳定的银氨配离子，然后向溶液中加入溴化钾溶液，直到刚刚出现溴化银沉淀为止。这时，溶液中同时存在配位平衡和沉淀-溶解平衡：

$$Ag^{+}+nNH_3 \rightleftharpoons Ag(NH_3)_n^{+} \tag{3-7}$$

$$AgBr \rightleftharpoons Ag^{+}+Br^{-} \tag{3-8}$$

式(3-7)和式(3-8)相加得：$AgBr+nNH_3 \rightleftharpoons Ag(NH_3)_n^{+}+Br^{-}$　　(3-9)

式(3-9)对应的平衡常数：

$$K^{\ominus}=\{c[Ag(NH_3)_n^{+}]/c^{\ominus}c(Br^{-})/c^{\ominus}\}/[c(NH_3)/c^{\ominus}]^{n}=K_f^{\ominus}K_{sp}^{\ominus} \tag{3-10}$$

式(3-10)中，$c[Ag(NH_3)_n^{+}]$、$c(Br^{-})$、$c(NH_3)$ 均为平衡浓度，即

$$c[Ag(NH_3)_n^{+}]=c(Ag^{+})_0V(Ag^{+})/V_{总}$$

$$c(Br^{-})=c(Br^{-})_0V(Br^{-})/V_{总}$$

$$c(NH_3)=c(NH_3)_0V(NH_3)/V_{总}$$

代入式(3-10)中得：$V(Br^{-})=K'V^{n}(NH_3)$

$$\lg V(Br^{-})=n\lg V(NH_3)+\lg K'$$

以 $\lg V(Br^{-})$为纵坐标，$\lg V(NH_3)$为横坐标作图，斜率即为 n。

【试剂与仪器】

$AgNO_3$(0.010 mol·L^{-1})，$NH_3·H_2O$(2.0 mol·L^{-1})，KBr(0.010mol·L^{-1})。

移液管，锥形瓶，滴定管。

【实验内容】

用移液管准确移取 10.00 mL 0.010 mol·L^{-1} $AgNO_3$ 溶液于锥形瓶中。

用滴定管加入 20.00 mL 2.0 mol·L^{-1} 氨水和 20.00mL 蒸馏水于该锥形瓶中，混合均匀。不断摇动下，用酸式滴定管滴加 0.010 mol·L^{-1}KBr，直至开始产生 AgBr 沉淀且沉淀不再消失为止，记下加入的 KBr 溶液的体积 $V(Br^{-})$ 和溶液的总体积 $V_{总}$。

再用 15 mL、10 mL、5 mL、2.5 mL 2.0 mol·L^{-1} $NH_3·H_2O$ 溶液，重复上述操作。在进行重复操作中，当接近终点后应补加适量的蒸馏水，使溶液的总体积与第一次滴定的 $V_{总}$ 相同。

记录滴定至终点时所用去的 KBr 溶液的体积 $V(Br^{-})$及所补加的蒸馏水的体积。

以 $\lg V(Br^-)$ 为纵坐标，$\lg V(NH_3)$ 为横坐标作图，直线斜率即为银氨配离子的配位数 n（取最接近的整数）。根据直线在纵坐标上的截距 $\lg K'$，求算 K'，并利用已求出的配位数 n，从而求出银氨配离子的稳定常数。将实验数据记录在表 3-10 中。

表 3-10　测定银氨配离子配位数实验结果

项目		实验编号				
		1	2	3	4	5
试剂用量 V/mL	$0.010mol\cdot L^{-1}AgNO_3$	10	10	10	10	10
	$2.0mol\cdot L^{-1}NH_3\cdot H_2O$	20	15	10	5	2.5
	$V(H_2O)$	20	25	30	35	37.5
	补充 $V(H_2O)$					
	$V(Br^-)$					
	$V_{总}$					
$\lg V(Br^-)$						
$\lg V(NH_3)$						

【思考题】

1. 在几次滴定操作过程中，为什么要使溶液的总体积相同？

2. 在其他实验条件相同的情况下，能否用相同浓度的 KCl 或 KI 溶液进行本实验？为什么？

实验 9　氧化还原反应

【实验目的】

1. 熟悉常见的氧化剂和还原剂。
2. 学习利用电池电动势对氧化还原反应方向进行判断。
3. 加深对能斯特方程的理解。

【实验原理】

标准电极电势 $E^\ominus$ 是指参与电极反应的各物质都处于标准状态时的电极电势，标准状态即水溶液中物质的浓度为 1 $mol \cdot L^{-1}$，气体压强为 100 kPa。$E^\ominus$ 的大小反映了氧化还原电对的氧化还原能力，标准电极电势的数值越大说明电对中氧化态的氧化能力越强，反之，其数值越小对应还原态的还原能力越强。

在 298 K、非标准状态下，电极电势 E 的数值可由能斯特方程计算。

$$a\mathrm{Ox} + ne^- = b\mathrm{Red}$$

$$E = E^\ominus + \frac{0.0592}{n}\lg\frac{[\mathrm{Ox}]^a}{[\mathrm{Red}]^b}$$

因此氧化剂和还原剂的相对浓度，以及相关介质的浓度都会影响电极电势的大小。

氧化还原反应进行的方向与电池电动势相关。电池电动势等于正负电极的电极电势之差。

$$E_{池} = E(+) - E(-)$$

$E_{池} > 0$，反应逆向自发。

$E_{池} < 0$，反应正向自发。

$E_{池} = 0$，反应处于平衡状态。

【试剂与仪器】

浓度均为 0.1 $mol \cdot L^{-1}$ 的溶液：KBr，KI，$FeSO_4$，$FeCl_3$，$KMnO_4$，KIO_3，$AgNO_3$，$MnSO_4$。$CuSO_4$(0.2 $mol \cdot L^{-1}$) $KMnO_4$(0.01 $mol \cdot L^{-1}$) NH_4F (10%)，Na_2SO_3(0.5 $mol \cdot L^{-1}$)，$Na_2S_2O_3$ (0.5 $mol \cdot L^{-1}$)，H_2SO_4(3 $mol \cdot L^{-1}$)，$H_2C_2O_4$(0.1 $mol \cdot L^{-1}$)，NaOH(6 $mol \cdot L^{-1}$)，H_2O_2 (3%)，溴水，碘水，淀粉溶液 0.2%，CCl_4，$(NH_4)_2S_2O_8$(s)。

试管，离心管，烧杯，水浴锅，离心机。

【实验内容】

1. 电极电势与氧化还原反应方向的关系

① 取两支试管，一支加入 10 滴 0.1 $mol \cdot L^{-1}$ KI 和 2 滴 0.1 $mol \cdot L^{-1}$ $FeCl_3$，摇匀，再加入 10 滴 CCl_4，充分振荡。另一支加入 10 滴 0.1 $mol \cdot L^{-1}$ KBr 和 2 滴 0.1 $mol \cdot L^{-1}$ $FeCl_3$ 摇匀，再加入 10 滴 CCl_4，充分振荡。

另取两支试管，一支加入 5 滴碘水和 2 滴 0.1 $mol \cdot L^{-1}$ $FeSO_4$，摇匀，再加入 10 滴 CCl_4，充分振荡。另一支加入 5 滴溴水和 2 滴 0.1 $mol \cdot L^{-1}$ $FeSO_4$，摇匀，再加入 10 滴

CCl_4，充分振荡。

观察有机层颜色变化，写出反应方程式，比较电对 Br_2/Br^-、I_2/I^-、Fe^{3+}/Fe^{2+} 电极电势大小并排序。指出最强氧化剂及还原剂。

② 取两支试管，一支加入 2 滴 0.1 $mol \cdot L^{-1}$ KI、2 滴 3 $mol \cdot L^{-1}$ H_2SO_4 和 3 滴 H_2O_2（3%），振荡。另一支试管加入 0.1 $mol \cdot L^{-1}$ $KMnO_4$，2 滴 3 $mol \cdot L^{-1}$ H_2SO_4 和 3 滴 H_2O_2（3%），振荡，观察并记录实验现象，写出反应方程式，解释 H_2O_2 在以上两个反应中所起的作用。

2. 介质的酸碱性对氧化还原反应的影响

① 取三支试管，各加入 2 滴 0.01 $mol \cdot L^{-1}$ $KMnO_4$。第一支试管加入 2 滴 3 $mol \cdot L^{-1}$ H_2SO_4，第二支试管中加入 2 滴 H_2O，第三支试管中加入 2 滴 6 $mol \cdot L^{-1}$ NaOH，然后往三支试管中各加入 5 滴 0.5 $mol \cdot L^{-1}$的 Na_2SO_3。观察并记录实验现象，并写出反应方程式。

② 取一支试管，加入 10 滴 0.1 $mol \cdot L^{-1}$ KI、10 滴 0.1 $mol \cdot L^{-1}$ KIO_3，加入淀粉溶液（0.2%），摇匀。然后加入 2 滴 3 $mol \cdot L^{-1}$ H_2SO_4 溶液振荡。观察实验现象，写出反应方程式并解释。

3. 浓度对氧化还原反应的影响

① 取两支试管，向一支试管中加入 10 滴 0.1 $mol \cdot L^{-1}$ $FeCl_3$，之后滴加 NH_4F（10%），至黄色消失，再加入 10 滴 0.1 $mol \cdot L^{-1}$ KI 和 5 滴 CCl_4，剧烈振荡，静置。向另一支试管中加入 10 滴 0.1 $mol \cdot L^{-1}$ $FeCl_3$，加入 10 滴 0.1 $mol \cdot L^{-1}$ KI 和 5 滴 CCl_4，剧烈振荡，静置。对比观察，记录实验现象，写出反应方程式并解释。

② 取离心管加入 10 滴 0.2 $mol \cdot L^{-1}$ $CuSO_4$ 和 10 滴 0.1 $mol \cdot L^{-1}$ KI，振荡。再滴加 0.5 $mol \cdot L^{-1}$ $Na_2S_2O_3$ 振荡，使溶液黄色褪去（除碘）。离心，观察 CuI 沉淀颜色。写出反应方程式，并用能斯特方程计算反应的电池电动势，解释 Cu^{2+} 为什么可以与 I^- 反应生成 CuI。

4. 温度对氧化还原反应的影响

取 A、B 两支试管，均加入 3 滴 0.01 $mol \cdot L^{-1}$ $KMnO_4$ 和 5 滴 3 $mol \cdot L^{-1}$ H_2SO_4，再取 C、D 两支试管都加入 5 滴 0.1 $mol \cdot L^{-1}$ $H_2C_2O_4$。将 A、C 试管放在水浴中加热几分钟后混合，同时，将 B、D 试管中的溶液混合。比较两组混合溶液颜色的变化情况，并做出解释。

5. 催化剂对氧化还原反应的影响

向一支试管加入少许 $(NH_4)_2S_2O_8$（固体）、10 滴 3 $mol \cdot L^{-1}$ H_2SO_4 和 2 滴 0.1 $mol \cdot L^{-1}$ $AgNO_3$，水浴加热。向上述热溶液中加入 1 滴 0.1 $mol \cdot L^{-1}$ $MnSO_4$，水浴加热。另取一支试管，重复以上实验，但是不加 $AgNO_3$，对比观察实验现象，并做出解释。

【思考题】

1. 举例说明常见的氧化剂和还原剂。
2. 为什么 H_2O_2 既有氧化性又有还原性？在何种情况下作氧化剂？在何种情况下作还原剂？
3. 介质的酸碱性为什么可以影响氧化还原反应？

实验 10 配合物分裂能测定

【实验目的】

1. 了解利用分光光度法测定配合物分裂能的方法。
2. 熟悉分光光度计的使用方法。

【实验原理】

在配合物中，中心离子受到配体非球形对称电场的作用，由于五个简并 d 轨道在空间伸展方向不同，受配体场的影响不同，因此分裂成能级不同的几组轨道。d 轨道在不同构型的配合物中，分裂的方式和大小都不同。分裂后最高能量 d 轨道和最低能量 d 轨道之间的能量差称为分裂能(splitting energy)，通常用符号 Δ 表示。Δ 值因配体的不同而不同，其大小顺序为 $I^- < Br^- < Cl^- < S^{2-} < SCN^- < NO_3^- < F^- < OH^- \approx ONO^- < C_2O_4^{2-} < H_2O < NCS^- <$ EDTA $< NH_3 <$ en（乙二胺）$< SO_3^{2-} < NO_2^- < CN^- \approx CO$。

用分光光度计在不同波长下测定配合物溶液的吸光度，以吸光度对波长作图即得配合物的光谱。光谱上最大吸收峰所对应的波长即为所吸收光的波长，由波长可计算出分裂能的大小：

$$\Delta = 1 \times 10^7 / \lambda$$

式中，λ 的单位为 nm；Δ 的单位为 cm^{-1}。

【试剂与仪器】

$CrCl_3 \cdot 6H_2O$，EDTA(s)，去离子水。

分析天平，烧杯，量筒，紫外-可见分光光度计，比色皿。

【实验内容】

1. CrY^- 配离子溶液的配制

称取 0.14 g EDTA 于小烧杯中，加入 50 mL 去离子水，加热溶解后加入 0.1 g $CrCl_3 \cdot 6H_2O$，搅拌，稍加热，得紫色 CrY^- 溶液。

2. 配合物光谱的测定

以去离子水为参比溶液，比色皿的厚度为 1 cm，在 360～700 nm 波长范围内，测定配合物溶液的吸光度 A 值。每隔 10 nm 测一组数据，在各配合物溶液的最大 A 值附近可适当缩小波长间隔，增加测定数据。将数据记录在表 3-11 中。

3. 计算分裂能

以吸光度对波长作图画出配合物的吸收光谱，找到最大吸收波长，由最大吸收波长计算出配合物的分裂能。

【数据记录】

表 3-11 不同波长下配合物的吸光度

波长/nm									
吸光度 A									

【思考题】

1. 实验中配合物的浓度是否影响吸光度值？
2. 晶体场分裂能的大小与哪些因素有关？

实验 11　粗盐提纯

【实验目的】

1. 掌握提纯粗盐的化学方法。
2. 掌握称量、溶解、沉淀、过滤、蒸发浓缩等基本实验操作。
3. 了解提纯无机化合物的基本方法。
4. 了解有关离子的定性鉴定方法。

【实验原理】

粗盐中含有泥沙、石子等难溶性杂质，以及 Ca^{2+}、Mg^{2+}、SO_4^{2-}、K^+、NO_3^- 等可溶性杂质。对于难溶性杂质，可通过过滤的方法将其除去，对于大部分的可溶性杂质，则需选用合适的试剂，采用化学方法，将可溶性杂质转化为沉淀后再除去。粗盐中的 SO_4^{2-}、CO_3^{2-} 等阴离子可加入 $BaCl_2$ 溶液除去，随后加入 Na_2CO_3 溶液除去 Ca^{2+}、Mg^{2+} 和多余的 Ba^{2+}，最后可用 HCl 溶液中和溶液中的 CO_3^{2-}。K^+、NO_3^- 等可溶性杂质因含量较少，且 NaCl 的溶解度随温度变化不大，而 KNO_3 的溶解度随温度降低显著减小，由此可蒸发浓缩溶液，将 K^+、NO_3^- 趁热抽滤除去。离子反应方程式如下：

$$Ba^{2+} + SO_4^{2-} \longrightarrow BaSO_4 \downarrow$$

$$Ca^{2+} + CO_3^{2-} \longrightarrow CaCO_3 \downarrow$$

$$2Mg^{2+} + 2CO_3^{2-} + H_2O \longrightarrow Mg_2(OH)_2CO_3 \downarrow + CO_2 \uparrow$$

$$Ba^{2+} + CO_3^{2-} \longrightarrow BaCO_3 \downarrow$$

$$CO_3^{2-} + 2H^+ \longrightarrow CO_2 \uparrow + H_2O$$

【试剂与仪器】

粗盐，$BaCl_2$($1\ mol \cdot L^{-1}$)，Na_2CO_3(饱和溶液)，$(NH_4)_2C_2O_4$(饱和溶液)，HCl($6\ mol \cdot L^{-1}$)，NaOH($6\ mol \cdot L^{-1}$)，镁试剂。

电子天平(分度值为 0.01 g)，电热板，烧杯(100 mL)，量筒(25 mL)，玻璃棒，塑料洗瓶，玻璃漏斗，漏斗架，减压过滤装置（抽滤瓶、循环水泵、布氏漏斗等），滴管，蒸发皿，pH 试纸，药匙，定性滤纸。

【实验内容】

1. 称量

用电子天平称取 5.0 g 左右的粗盐，置于 100 mL 烧杯中。

2. 溶解

用量筒量取 20 mL 蒸馏水，加入盛有粗盐的烧杯中，加热、搅拌使粗盐溶解。

3. SO_4^{2-} 阴离子的去除

用滴管向上述溶液中逐滴加入 20～30 滴 $1\ mol \cdot L^{-1}$ 的 $BaCl_2$ 溶液，充分搅拌，加热至沸，静置。待生成的沉淀沉降后，沿烧杯内壁向上层清液中加入2～3滴1 mol·L^{-1}的$BaCl_2$溶液，观察是否浑浊。若出现浑浊，说明SO_4^{2-}尚未除尽，应在原溶液中继续滴加$BaCl_2$溶液10～20滴，直至SO_4^{2-}沉淀完全为止。然后再将溶液加热至沸，冷却至室温。常压过滤，保留滤液，弃去沉淀。

4. Ca^{2+}、Mg^{2+}、Ba^{2+}阳离子的去除

在滤液中滴加20～30滴饱和Na_2CO_3溶液，充分搅拌，加热至沸，待生成的沉淀沉降后，沿烧杯内壁向上层清液中加2～3滴饱和Na_2CO_3溶液，检查沉淀是否完全。待检验出Ca^{2+}、Mg^{2+}、Ba^{2+}沉淀完全后，再将溶液加热至沸，冷却至室温。常压过滤，保留滤液，弃去沉淀。

5. 调节滤液的pH

在上述滤液中边搅拌边滴加6 mol·L^{-1}的HCl溶液，以除去多余的CO_3^{2-}。随时用玻璃棒蘸取滤液在pH试纸上，检验溶液的酸碱度，直到溶液pH＝2～3为止。

6. 蒸发浓缩

将中和后的溶液于电热板上蒸发浓缩，当溶液呈稀糊状时(不可将溶液蒸干)，趁热倒入布氏漏斗中抽滤，尽量抽干，可以得到大量的白色晶体。

7. 产品的检验

称取0.5～1.0 g提纯后的产品溶于15 mL蒸馏水中，大致分为三份，分装于试管中。

① SO_4^{2-}的检验：先向溶液中加入1～2滴6 mol·L^{-1}的HCl溶液，再加入2滴1 mol·L^{-1}的$BaCl_2$溶液，观察溶液是否浑浊。如浑浊，表明SO_4^{2-}未除尽。

② Ca^{2+}的检验：向溶液中加入2滴饱和$(NH_4)_2C_2O_4$溶液，若溶液变浑浊，表明Ca^{2+}未除尽。

③ Mg^{2+}的检验：向溶液中加1滴6 mol·L^{-1}的NaOH溶液，再加入1～2滴镁试剂，如有蓝色沉淀生成，表明Mg^{2+}未除尽。

【思考题】

1. 粗盐提纯要先加入什么试剂，提纯过程中加入试剂的顺序能不能调换？
2. 为什么沉淀可溶性杂质离子时要将溶液加热至沸？
3. 若加入$BaCl_2$将SO_4^{2-}沉淀后，随即再加入Na_2CO_3，只进行一次沉淀和过滤，是否可以，为什么？
4. 为什么蒸发前要调节pH＝2～3?
5. 提纯之后，检验产品中的Ca^{2+}是否存在时可以用Na_2CO_3溶液吗？为什么？

实验 12　硫代硫酸钠的制备和纯化

【实验目的】

1. 掌握硫代硫酸钠的制备方法。
2. 学习硫代硫酸根的定性检验方法。

【实验原理】

硫代硫酸钠用途广泛，在分析化学中常用来定量测定碘，在纺织工业和造纸业中用作脱氯剂，摄影业中用作定影剂，医药领域中用作急救解毒剂。亚硫酸钠在加热条件下可与硫反应制备硫代硫酸钠。反应式如下：

$$Na_2SO_3 + S \longrightarrow Na_2S_2O_3$$

常温下从溶液中结晶出来的硫代硫酸钠为 $Na_2S_2O_3 \cdot 5H_2O$。

$$Na_2SO_3 + 5H_2O \longrightarrow Na_2S_2O_3 \cdot 5H_2O$$

【试剂与仪器】

Na_2SO_3(无水)，硫粉，$AgNO_3$(0.1 mol·L^{-1})，乙醇(95%)，$FeCl_3$ 溶液(5%)。

烧杯，点滴板。

【实验内容】

1. $Na_2S_2O_3$ 的制备

称取 2g 研碎的硫粉置于 100 mL 烧杯中，加 2 mL 乙醇使其润湿。然后再加入 5 g Na_2SO_3(s) 和 30 mL 水，加热，搅拌。待溶液沸腾后小火加热并不断搅拌，直至剩余少许硫粉悬浮在溶液中（溶液体积应不少于 15 mL，若太少可加水补充）。

趁热过滤，将所得的 $Na_2S_2O_3$ 滤液转移至烧杯中进行浓缩，直至烧杯中有一些晶体析出时，停止蒸发，冷却至室温，使 $Na_2S_2O_3 \cdot 5H_2O$ 晶体析出(若时间较长而无晶体析出，可搅拌或投入一粒 $Na_2S_2O_3$ 晶体促使晶体析出)。

过滤，将晶体放在烘箱中烘干，在 40 ℃下干燥 1 h。称量，计算产率。

2. 产品定性检验

取一小粒产品于点滴板上，加蒸馏水使其溶解后，再加一滴 $FeCl_3$ 溶液，溶液变为深紫色，且 1～2 min 后褪色，则硫代硫酸根存在。

【思考题】

1. 要提高 $Na_2S_2O_3$ 的产率与纯度，可采用哪些措施?
2. 过滤所得产品晶体为什么要用乙醇洗涤?

实验 13　工业硫酸铜的提纯及波尔多液的配制

【实验目的】

1. 掌握工业硫酸铜的提纯原理和方法，了解目视比色法。
2. 巩固溶解、过滤、蒸发浓缩、结晶等基本实验操作。
3. 学习波尔多液的配制方法，了解波尔多液的应用。

【实验原理】

1. 工业硫酸铜的提纯

工业硫酸铜中常含有难溶性杂质和 Fe^{2+}、Fe^{3+} 及 Na^{+} 等可溶性杂质。难溶性杂质可通过过滤除去。对于可溶性杂质 Fe^{2+} 和 Fe^{3+}，可用 H_2O_2 将 Fe^{2+} 氧化成 Fe^{3+}，然后通过调节溶液 pH 值至 3.5～4.0 之间，使 Fe^{3+} 水解生成 $Fe(OH)_3$ 沉淀后，再过滤除去。有关反应方程式如下：

$$2Fe^{2+} + H_2O_2 + 2H^{+} = 2Fe^{3+} + 2H_2O$$

$$Fe^{3+} + 3H_2O = Fe(OH)_3 \downarrow + 3H^{+}$$

Cu^{2+} 在 pH 值大于 4.1 时水解，$Cu(OH)_2$ 开始析出，特别在加热的情况下，水解程度更大。而根据溶度积规则进行计算可知，Fe^{3+} 完全沉淀时的 pH 值大于 3.3，因此控制溶液的 pH 值在 3.5～4.0 之间，既能除尽铁，又不降低产品的收率。

其他可溶性杂质因含量少，可以通过重结晶的方法除去。

根据物质的溶解度不同，特别是硫酸铜晶体的溶解度随温度降低显著减小，当热的硫酸铜饱和溶液冷却时，硫酸铜先结晶析出，而少量可溶性杂质由于尚未达到饱和，仍留在母液中，趁热过滤，就能将硫酸铜与可溶性杂质分离。

硫酸铜纯度的定性检测主要基于产品中杂质 Fe 的含量，产品质量等级经常以 Fe^{3+} 含量的多少来判定，Fe^{3+} 与 KSCN 可形成血红色的配离子，根据血红色颜色的深浅，可用目视比色法确定产品的等级（表 3-12）。将提纯过的样品溶于蒸馏水中，加入过量的氨水使 Cu^{2+} 生成深蓝色的$[Cu(NH_3)_4]^{2+}$，Fe^{3+} 形成 $Fe(OH)_3$ 沉淀。过滤后用 HCl 溶解 $Fe(OH)_3$，然后加入 KSCN，Fe^{3+} 含量越多，血红色越深。

表 3-12　硫酸铜产品等级

级别	一	二	三	四
Fe^{3+} 含量/(mg/L)	0.05	0.10	0.15	0.20

2. 波尔多液的配制

波尔多液是一种无机铜素杀菌剂，其有效成分的化学组成是 $CuSO_4 \cdot xCu(OH)_2 \cdot yCa(OH)_2 \cdot zH_2O$。它是由硫酸铜($CuSO_4$)、生石灰(CaO)和水按不同比例配制成的天蓝色胶状悬浊液。一般呈碱性，有良好的黏附性能，多用于防治蔬菜、果树、棉、麻等植物的多种真菌和细菌性病害，同时具有促进植物生长、调节土壤 pH 值的作用。

常用的波尔多液配制方法有两种：一种为两药混合法，即将硫酸铜和生石灰分别加入非金属的容器中，分别加入少量热水并搅拌溶解，再分别将总水量的1/2倒入两个非金属容器中，搅拌至充分溶解后滤去残渣，将两液同时慢慢倒入一个非金属容器中，边倒边搅拌进行配制；另一种为硫酸铜溶液注入法，将硫酸铜和生石灰分别加入非金属容器中，用少量的热水搅拌溶解，将总水量的1/3加入盛有生石灰的非金属容器中，将总水量的2/3加入盛有硫酸铜的非金属容器中，两混合物分别搅拌待充分溶解后滤去残渣，最后将硫酸铜溶液慢慢倒入溶解生石灰的溶液中，边倒边搅拌，配成天蓝色的波尔多液。

实际应用中，波尔多液的配制比例应根据作物对硫酸铜和生石灰的敏感程度、防治对象以及用药季节和气温的不同而定。按生石灰与硫酸铜的比例有：等量式($CuSO_4$：CaO＝1：1)、倍量式($CuSO_4$：CaO＝1：2)、半量式($CuSO_4$：CaO＝1：0.5) 和多量式[$CuSO_4$：CaO＝1：(3～5)] 的波尔多液。按硫酸铜与水的比例有1%、0.8%、0.5%的波尔多液。

【试剂与仪器】

粗硫酸铜，H_2SO_4(3 mol·L^{-1})，H_2O_2(3%)，NaOH(2 mol·L^{-1})，氨水(6 mol·L^{-1}、2 mol·L^{-1})，HCl(2 mol·L^{-1})，KSCN(1 mol·L^{-1})。

电子天平(分度值为0.01 g)，烧杯，水浴锅，蒸发皿，减压过滤装置，电热板，量筒，pH试纸，滤纸，比色管(25 mL) 等。

【实验内容】

1. 粗硫酸铜的提纯

称取4.0 g研细的粗硫酸铜，置于100 mL烧杯中，加入16 mL蒸馏水，加热搅拌使其溶解。加5滴3 mol·L^{-1}的H_2SO_4溶液酸化，搅拌的同时滴加2 mL 3%的H_2O_2溶液，使Fe^{2+}氧化为Fe^{3+}。然后滴加2 mol·L^{-1}的NaOH溶液，调节溶液的pH≈4，再加热片刻，静置沉降，离心分离，将溶液转移至蒸发皿中。

用3 mol·L^{-1}的H_2SO_4溶液调滤液的pH值至1～2，然后缓慢蒸发浓缩至液面出现一层晶膜，立即停止加热。冷却至室温，待晶体大量析出，抽滤至干，不可用蒸馏水冲洗。

烘干，称取产品的质量，计算产率。

2. 硫酸铜产品纯度的定性检测

称取1.0 g提纯后的硫酸铜晶体于小烧杯中，用100 mL蒸馏水溶解，加入20滴3 mol·L^{-1}的H_2SO_4溶液酸化，然后加入2 mL 3%的H_2O_2溶液，煮沸片刻，使Fe^{2+}氧化为Fe^{3+}。

待溶液冷却后，边搅拌边滴加6 mol·L^{-1}的氨水，直至生成的淡蓝色$Cu_2(OH)_2SO_4$沉淀溶解，变成深蓝色$[Cu(NH_3)_4]^{2+}$溶液为止，此时Fe^{3+}已转变为$Fe(OH)_3$沉淀。

过滤，用2 mol·L^{-1}的氨水洗涤直至将滤纸上的蓝色洗掉，弃去滤液。然后将3 mL加热后的2 mol·L^{-1}的HCl溶液滴在滤纸上溶解$Fe(OH)_3$沉淀，保留滤液。如果沉淀不能一次溶解，可将滤液加热再滴到滤纸上。最后将滤液转移至25 mL比色管中。

在滤液中加入2滴1 mol·L^{-1}的KSCN溶液，观察血红色溶液的产生，血红色越深，说明Fe^{3+}越多。在比色管中用蒸馏水稀释至标线，将血红色溶液与标准系列颜色对比，确定产品等级。

3. 波尔多液的配制

配制100 mL 0.5%半量式波尔多液。将称量好的硫酸铜和生石灰分别加入两个干净的小烧杯中，加入少量热水搅拌溶解，再分别倒入 50 mL 蒸馏水于两小烧杯中，搅拌至充分溶解。过滤后，将两份滤液同时慢慢倒入大烧杯中，边倒边搅拌，得到天蓝色的波尔多液。

注意：

① 波尔多液配制时必须一次配成，绝不可再加水稀释，否则会产生沉淀或结晶。

② 波尔多液放置 24 h 后会发生变质，故宜现配现用。

【思考题】

1. 去除 Fe^{3+} 时，为什么要控制溶液的 pH＝3.5～4.0？

2. 蒸发浓缩时，剩余溶液过多或过少，对实验结果有何影响？

3. 如果产率过高，可能的原因是什么？如果产率过低，可能的原因是什么？

4. 在实验过程中会导致产品纯度降低的因素有哪些？

5. 波尔多液的配制过程中，为什么需要使用非金属容器？能用金属容器盛放波尔多液吗？

实验 14　三草酸合铁(Ⅲ)酸钾晶体的制备及其性质测定

【实验目的】

1. 了解配合物制备的过程，学习结晶的方法，巩固无机物制备的基本操作。
2. 了解并定性分析三草酸合铁(Ⅲ)酸钾的性质。
3. 定量分析和测定三草酸合铁(Ⅲ)酸钾的组成。

【实验原理】

1. 配合物的制备

制备三草酸合铁(Ⅲ)酸钾的方法较多，本实验以 $FeSO_4$ 或 $(NH_4)_2Fe(SO_4)_2 \cdot 6H_2O$ 为原料，通过沉淀溶解、配位反应、氧化还原反应和草酸解离平衡等一系列过程制备三草酸合铁(Ⅲ)酸钾，其中涉及无机化学原理的应用较多。首先利用硫酸亚铁铵与草酸在酸性溶液中反应，制备出难溶的草酸亚铁沉淀，用倾析法过滤洗去杂质后，在草酸钾和草酸存在下，用过氧化氢氧化草酸亚铁制得三草酸合铁(Ⅲ)酸钾配合物，与此同时生成的 $Fe(OH)_3$，可加入适量草酸将其转化为三草酸合铁(Ⅲ)酸钾配合物，最后可采用“溶剂替换法”，加入乙醇，在常温下从溶液中析出 $K_3[Fe(C_2O_4)_3] \cdot 3H_2O$ 晶体。

涉及的反应方程式如下：

$$(NH_4)_2Fe(SO_4)_2 \cdot 6H_2O + H_2C_2O_4 \longrightarrow FeC_2O_4 \cdot 2H_2O + (NH_4)_2SO_4 + H_2SO_4 + 4H_2O$$

$$2FeC_2O_4 \cdot 2H_2O + H_2O_2 + 3K_2C_2O_4 + H_2C_2O_4 \longrightarrow 2K_3[Fe(C_2O_4)_3] \cdot 3H_2O$$

三草酸合铁(Ⅲ)酸钾 $K_3[Fe(C_2O_4)_3] \cdot 3H_2O$ 是翠绿色的单斜晶体，易溶于热水，难溶于乙醇。见光极易分解，室温光照即可分解，变为黄色。

$$2K_3[Fe(C_2O_4)_3] \longrightarrow 2FeC_2O_4 + 3K_2C_2O_4 + 2CO_2 \uparrow$$

2. 配合物的定性分析

$K_3[Fe(C_2O_4)_3] \cdot 3H_2O$ 在日光照射或强光下分解生成的草酸亚铁，遇六氰合铁(Ⅲ)酸钾生成滕氏蓝。因此，利用其感光性，将其溶液涂于滤纸上，可在实验室进行感光实验。

$$3FeC_2O_4 + 2K_3[Fe(CN)_6] \longrightarrow Fe_3[Fe(CN)_6]_2 + 3K_2C_2O_4$$

K^+ 与 $Na_3[Co(NO_2)_6]$ 在中性或弱酸性介质下反应可以生成黄色的难溶配合物，Fe^{3+} 与 KSCN 反应生成的配合物为血红色，$C_2O_4^{2-}$ 与 Ca^{2+} 反应则可以生成白色的沉淀。利用上述实验现象可以判断 $K_3[Fe(C_2O_4)_3] \cdot 3H_2O$ 中的 K^+、Fe^{3+}、$C_2O_4^{2-}$ 处于配合物中的位置，找到中心离子、配体并进行内界、外界的归属。

3. 配合物的定量分析

(1) 重量分析法测定结晶水含量

$K_3[Fe(C_2O_4)_3] \cdot 3H_2O$ 在 110 ℃下会失去结晶水。因此，将 $K_3[Fe(C_2O_4)_3] \cdot 3H_2O$ 在 110 ℃下干燥脱水，通过干燥前后的质量之差，可以计算结晶水的含量。

(2) 高锰酸钾法测定 $C_2O_4^{2-}$ 和 Fe^{3+} 含量

在酸性介质中 Fe^{2+} 和 $C_2O_4^{2-}$ 可被高锰酸钾氧化：

$$5Fe^{2+} + MnO_4^- + 8H^+ \xlongequal{} 5Fe^{3+} + Mn^{2+} + 4H_2O$$

$$5C_2O_4^{2-} + 2MnO_4^- + 16H^+ \xlongequal{} 2Mn^{2+} + 10CO_2\uparrow + 8H_2O$$

先用已知准确浓度的 $KMnO_4$ 标准溶液滴定出 $C_2O_4^{2-}$ 的质量分数；然后在测定完毕的 $C_2O_4^{2-}$ 溶液中加过量的锌粉，作为还原剂，将 Fe^{3+} 还原成 Fe^{2+}；过滤剩余的锌之后，用 $KMnO_4$ 标准溶液滴定出 Fe^{2+} 的质量分数。

【试剂与仪器】

$KMnO_4(s)$，$(NH_4)_2Fe(SO_4)_2\cdot 6H_2O(s)$，锌粉，$H_2SO_4(3\ mol\cdot L^{-1})$，$K_2C_2O_4$(饱和溶液)，$H_2C_2O_4(1\ mol\cdot L^{-1})$，$H_2O_2(6\%)$，无水乙醇，$Na_2C_2O_4(s)$，$K_3[Fe(CN)_6]$ $(0.5\ mol\cdot L^{-1})$，$Na_3[Co(NO_2)_6](20\%)$，$FeCl_3(0.1\ mol\cdot L^{-1})$，$KSCN(0.1\ mol\cdot L^{-1})$，$K_2C_2O_4(0.5\ mol\cdot L^{-1})$，$CaCl_2(0.5\ mol\cdot L^{-1})$。

酸式滴定管(50 mL)，烘箱，电子天平(分度值为 0.01 g、0.0001 g)，移液管，容量瓶，烧杯，锥形瓶，量筒，称量瓶，表面皿，滤纸，布氏漏斗，抽滤瓶。

【实验内容】

1. 三草酸合铁(Ⅲ)酸钾的制备

称取 5.0 g 硫酸亚铁铵固体，加入 20 滴 $3\ mol\cdot L^{-1}$ 的 H_2SO_4 溶液和 15 mL 蒸馏水，加热溶解后，再缓慢加入 25 mL $1\ mol\cdot L^{-1}$ 的 $H_2C_2O_4$ 溶液，加热至沸，搅拌片刻后静置。待黄色的 FeC_2O_4 晶体充分沉降后，取少量清液于试管中，煮沸，观察是否有沉淀生成，如无沉淀则用倾析法弃去上层清液。在沉淀上加入约 10 mL 热水，充分搅拌，静置后倾出上层清液。重复多次，检验洗涤液中是否含有 SO_4^{2-}。

配制 10 mL 饱和 $K_2C_2O_4$ 溶液，将其加入洗净的沉淀中，放置于恒温水浴中，温度控制在 40 ℃，用滴管缓慢滴加 10 mL 6% 的 H_2O_2 溶液（注意滴加时要不断搅拌并维持温度在 40 ℃左右），然后检验 Fe^{2+} 是否充分被氧化为 Fe^{3+}；取 1 滴所得的悬浊液于点滴板上，加入 1 滴 $K_3[Fe(CN)_6]$溶液，观察是否出现蓝色，如果出现蓝色说明未完全氧化，继续滴加适量的 H_2O_2 溶液直至氧化完全。将检验过的溶液加热至沸并不断搅拌，除去过量的 H_2O_2（注意煮沸的时间不宜过长）；然后逐滴加入适量 $1\ mol\cdot L^{-1}$ 的 $H_2C_2O_4$ 溶液，并快速搅拌，使沉淀溶解，此时溶液为绿色透明状，随后在滤液中加入 10 mL 无水乙醇，在暗处放置。待其结晶后抽滤至干并用少量的乙醇溶液洗涤。称量，计算产率。

2. 三草酸合铁(Ⅲ)酸钾的性质

(1) 三草酸合铁(Ⅲ)酸钾的感光性

取绿豆大小的产品放在表面皿上，在强烈的日光下放置片刻，观察晶体的颜色，并与放在暗处的晶体对比，观察发生的变化。

取 0.5 g 产品配成饱和溶液［三草酸合铁(Ⅲ)酸钾在水中的溶解度：0 ℃，$4.7\ g\cdot(100\ g\ H_2O)^{-1}$；100 ℃，$117.7\ g\cdot(100\ g\ H_2O)^{-1}$］，再加入等体积的 $0.5\ mol\cdot L^{-1}$ 的 $K_3[Fe(CN)_6]$ 溶液，混合均匀后用毛笔蘸取少量溶液涂在大滤纸上，在暗处晾干后，于日光下直照，观察发生的现象并做出解释。

(2) 定性判断三草酸合铁(Ⅲ)酸钾配合物的中心原子、配体，判断内界和外界

在试管中溶解少许产品，取 10 滴产品溶液，再加入 2 滴 20% 的 $Na_3[Co(NO_2)_6]$溶液，

充分混匀，必要时可用玻璃棒摩擦试管内壁，观察是否有黄色浑浊现象。

取两支试管，分别加入 10 滴产品溶液和 10 滴 0.1 $mol \cdot L^{-1}$的 $FeCl_3$ 溶液，各加入 2 滴 0.1 $mol \cdot L^{-1}$的 KSCN 溶液，观察溶液是否出现血红色。

取两支试管，分别加入 10 滴产品溶液和 10 滴 0.5 $mol \cdot L^{-1}$的 $K_2C_2O_4$ 溶液，各加入 2 滴 0.5 $mol \cdot L^{-1}$的 $CaCl_2$ 溶液，观察现象有何不同。

3. 三草酸合铁(Ⅲ)酸钾的定量分析

(1) 结晶水含量的测定

取两个洁净的称量瓶放入烘箱中，在 110 ℃下干燥 1 h，然后置于干燥器中冷却至室温，称量。再放入烘箱中，在 110 ℃下干燥 20 min，然后冷却相同时间后再称量，重复上述操作，直至称量瓶恒重(两次称量相差不超过 0.2 mg)。

准确称取 0.5～0.6 g 产品两份(准确至 0.1 mg)，分别放入已恒重的称量瓶中，在 110 ℃的烘箱中干燥 1 h，然后置于干燥器中冷却至室温，称量。再重复上述操作，直至称量瓶恒重（两次称量相差不超过 0.2 mg)。

根据两次称量结果之差，计算结晶水的质量分数。

(2) $C_2O_4^{2-}$ 含量的测定

准确称取 0.18～0.22 g 干燥过的 $K_3[Fe(C_2O_4)_3]$样品 3 份，各加入约 30 mL 蒸馏水和 10 mL 3 $mol \cdot L^{-1}$的 H_2SO_4 溶液。溶解后，溶液加热至 75～85 ℃，用 0.02 $mol \cdot L^{-1}$的 $KMnO_4$ 标准溶液滴定，仔细观察溶液的变化，记录消耗 $KMnO_4$ 标准溶液的体积，计算出 $C_2O_4^{2-}$ 的质量分数。滴定完的溶液保留待用。

(3) Fe^{3+} 含量的测定

在上述保留溶液中加入适量的还原剂锌粉，加热近沸，直到黄色消失，使 Fe^{3+} 完全还原为 Fe^{2+}，趁热过滤，除去多余的锌粉。滤液放于另一干净的锥形瓶中，洗涤漏斗与锌粉，使 Fe^{2+} 全部转移到滤液中，再用 0.02 $mol \cdot L^{-1}$的 $KMnO_4$ 溶液滴至粉红色且 30 s 内不褪色。记录消耗 $KMnO_4$ 标准溶液的体积，计算 Fe^{3+} 的质量分数。

由(2)和(3)测得的 $C_2O_4^{2-}$、Fe^{3+} 的质量分数计算出 Fe^{3+} 与 $C_2O_4^{2-}$ 的配位比。

【思考题】

1. 三草酸合铁(Ⅲ)酸钾的制备过程中可能会产生哪些副反应？
2. 在制备三草酸合铁(Ⅲ)酸钾时，为什么用 H_2O_2 作氧化剂？在得到草酸亚铁之后要洗去的杂质是什么？如何在 $C_2O_4^{2-}$ 存在的情况下检验 SO_4^{2-}？
3. 用 H_2O_2 氧化时为什么要严格控制温度？
4. 如何检验 Fe^{2+} 是否氧化完全？如果氧化不完全怎么办？
5. 三草酸合铁(Ⅲ)酸钾制备过程在暗处静置前加入无水乙醇的作用是什么？能否舍弃这一步？

实验 15　易拉罐制备氢氧化铝

【实验目的】

1. 了解绿色化学，学习“变废为宝”理念，合理回收利用废易拉罐。
2. 了解金属铝的有关性质和氢氧化铝的制备方法。
3. 巩固溶解、过滤、沉淀的转移和洗涤以及结晶等基本实验操作。

【实验原理】

氢氧化铝用途广泛，是用量最大和应用最广的无机阻燃添加剂之一。氢氧化铝在医疗上，常用于治疗胃酸过多，胃酸的主要成分是盐酸，利用氢氧化铝与胃酸反应生成无毒无害的氯化铝排出体外。

氢氧化铝为白色粉末，化学式 $Al(OH)_3$，不溶于水，是一种两性氢氧化物。由于其显一定的酸性，所以又可称为铝酸（H_3AlO_3）。$Al(OH)_3$ 与碱反应时生成的是四羟基合铝酸盐{$[Al(OH)_4]^-$}，因此通常把它视作水合偏铝酸（$HAlO_2 \cdot H_2O$）。

氢氧化铝的制备方法很多，本实验采用铝酸盐法制备，以饮料易拉罐为原料，首先与 NaOH 反应得到偏铝酸钠溶液，然后与 NH_4HCO_3 反应得到氢氧化铝。反应方程式如下：

$$2Al + 2NaOH + 6H_2O \longrightarrow 2Na[Al(OH)_4] + 3H_2\uparrow$$

$$或\ 2Al + 2NaOH + 2H_2O \longrightarrow 2NaAlO_2 + 3H_2\uparrow$$

$$2NaAlO_2 + NH_4HCO_3 + 2H_2O \longrightarrow Na_2CO_3 + 2Al(OH)_3\downarrow + NH_3\uparrow$$

【试剂与仪器】

废易拉罐，NaOH(s)，NH_4HCO_3(s)。

烧杯(100 mL)，量筒(25 mL、50 mL)，电子天平(分度值为 0.01 g)，漏斗，漏斗架，定性滤纸，减压过滤装置，布氏漏斗，表面皿，剪刀，砂纸，pH 试纸，烘箱。

【实验内容】

1. 废易拉罐预处理

用剪刀从废易拉罐中剪取一小块长方形铝片，用砂纸将表面的镀层打磨掉，然后将打磨好的铝片剪碎至小烧杯中待用。

2. 偏铝酸钠的制备

称量 0.5 g 左右的碎铝片。快速称取比理论量多 50%的 NaOH 固体于 100 mL 烧杯中，加入 25 mL 左右的蒸馏水温热溶解。继续加热，分次加入称量好的碎铝片，反应开始后控制反应速率，避免反应过于激烈，防止液滴溅出。至反应不再产生气体，用普通漏斗进行常压过滤，其间用少量水淋洗，收集滤液。

3. 氢氧化铝的合成

滤液中加入 25 mL 左右蒸馏水，加热至沸，在不断搅拌下，用一次性滴管以细流状加入 15～20 mL 饱和 NH_4HCO_3 溶液(自行配制，溶解度见表 3-13)，逐渐有沉淀生成，并将沉淀搅拌约 5 min(注意：整个过程需不断搅拌，且温度不要过热，防止喷溅，停止加热后还需搅拌一会儿，防止喷溅)。静置冷却至上清液澄清，检验沉淀是否完全，待沉淀完全后，用布氏漏斗减压过滤。

4. 氢氧化铝的洗涤、干燥

将 $Al(OH)_3$ 沉淀转入 100 mL 烧杯中，加入 25 mL 近沸的蒸馏水，在搅拌下加热 2～3 min，静置至上清液澄清，倾出上清液，重复上述操作两次。最后一次将沉淀转移至布氏漏斗减压过滤，并用 50 mL 近沸的蒸馏水洗涤(此时滤液的 pH 值为 7～8)。将得到的产品转移至表面皿上，放入烘箱中，在 80 ℃下烘干，冷却后称量，计算产率。

表 3-13　NH_4HCO_3 在水中的溶解度　　单位：$g\cdot(100\ g\ H_2O)^{-1}$

T/℃	0	10	20	30
溶解度	11.8	15.8	21.0	27.0

【思考题】

1. 计算氢氧化铝沉淀完全的 pH 值范围。
2. 怎样制备饱和 NH_4HCO_3 溶液？
3. 欲得到纯净松散的氢氧化铝沉淀，合成中应注意哪些事项？
4. 合成氢氧化铝时，如何检验沉淀是否完全？

实验 16　水解法制备 TiO_2 纳米颗粒

【实验目的】

1. 了解纳米二氧化钛制备的方法。
2. 掌握水解法制备纳米二氧化钛的原理、方法及基本操作。
3. 熟悉水解反应并熟练掌握沉淀、过滤、洗涤、干燥及煅烧等实验技能。

【实验原理】

二氧化钛纳米颗粒具有毒性小、耐腐蚀、光催化活性高等特点，因此被广泛应用于环境处理、医疗卫生、工业涂料等方向。目前二氧化钛纳米材料的制备主要有水/溶剂热法、水解法、溶胶凝胶法、微乳液法、电化学法、气相沉积法、固相法等多种方法。在这些方法中，水解法是前驱物在水溶液系统中充分水解制备纳米二氧化钛的方法，常用的前驱物为钛醇盐、四氯化钛、硫酸钛等，因此具有操作简便、反应成本低、反应条件易控制、产物的尺寸和形貌便于调控等特点。

钛酸四丁酯水解反应方程式：

$$Ti(OC_4H_9)_4 + 2H_2O \longrightarrow TiO_2\downarrow + 4C_4H_9OH$$

四氯化钛水解反应方程式：

$$TiCl_4 + 2H_2O \longrightarrow TiO_2\downarrow + 4HCl$$

水解过程中，通过控制 pH、温度和搅拌速度等条件，可调控纳米颗粒的尺寸和晶型。

【试剂与仪器】

钛酸四丁酯[$Ti(OC_4H_9)_4$]，HNO_3 或其他酸/碱调节剂，无水乙醇，去离子水。

磁力搅拌器，恒温水浴锅，真空干燥箱，马弗炉，离心机，烧杯，量筒，X 射线衍射仪(XRD)、透射电子显微镜(TEM) 等分析仪器(可选，用于表征产物)。

【实验内容】

1. 原料准备

在 50 mL 无水乙醇中加入 5 mL 钛酸四丁酯，磁力搅拌 10 min 至混合均匀。

将 50 mL 去离子水与 1 mL 硝酸(调节 pH≈3)混合，置于 60 ℃水浴中。配制所需浓度的酸溶液，用于调节水解反应的 pH 值。

2. 水解反应

在冰水浴或恒温水浴条件下，将钛酸四丁酯溶液缓慢滴加到含有酸的去离子水中，控制滴加速度，同时不断搅拌。调节反应温度，保持一段时间进行水解反应，生成白色氢氧化钛沉淀。

3. 沉淀处理

水解反应结束后，继续搅拌 1 h，静置陈化 12 h，使沉淀充分沉降。使用离心机进行离心分离，收集沉淀物。用去离子水和无水乙醇交替洗涤 3 次，以去除杂质离子。

4. 干燥与煅烧

将洗涤后的沉淀物置于真空干燥箱中干燥，或将沉淀置于 80 ℃烘箱中干燥 6 h，得到无定形 TiO_2 粉末。

取部分样品在 500 ℃马弗炉中煅烧 2 h，转化为锐钛矿型 TiO_2。

5. 产物表征(可选)

使用 X 射线衍射仪(XRD)分析产物的晶型结构；使用透射电子显微镜(TEM)观察产物的形貌和粒径分布。

【注意事项】

1. 实验过程中需佩戴防护眼镜和手套，以防化学品溅入眼睛或触及皮肤。
2. 钛酸四丁酯等原料具有毒性和腐蚀性，操作时应小心谨慎，并在通风橱内进行。
3. 水解反应过程中可能会产生有害气体(如氯化氢等)，需做好尾气处理工作。
4. 煅烧过程中应注意温度控制，避免样品过热导致烧结或分解。
5. 洗涤沉淀时应充分洗涤干净，以去除杂质离子。

【思考题】

1. 纳米二氧化钛颗粒是如何在水解过程中形成的？有哪些因素控制颗粒的粒径和分散性？
2. 如何通过调节实验条件(如温度、搅拌速度)来控制纳米颗粒的形貌和晶型？
3. 水解反应温度对产物性质有何影响？是否存在一个最佳温度范围，使得产物既具有较小的粒径又具有良好的结晶度？
4. 如何通过调整实验条件来制备具有特定晶型的纳米二氧化钛？

实验 17 硫酸亚铁铵的制备

【实验目的】

1. 掌握制备复盐（硫酸亚铁铵）的原理和方法。
2. 掌握水浴加热、蒸发、结晶、减压过滤等基本操作。
3. 熟悉目视比色法检验产品中微量杂质（如 Fe^{3+}）的分析方法。

【实验原理】

硫酸亚铁铵，又称摩尔盐，化学式为 $(NH_4)_2Fe(SO_4)_2 \cdot 6H_2O$，是浅蓝绿色单斜晶体，能溶于水但难溶于乙醇。它在空气中相对稳定，不易被氧化，因此常作为化学分析中的基准物质。

本实验通过金属铁屑与稀硫酸反应制得硫酸亚铁溶液，反应方程式如下：

$$Fe + H_2SO_4 \longrightarrow FeSO_4 + H_2 \uparrow$$

再加入等物质的量的硫酸铵，经加热浓缩、冷却后析出硫酸亚铁铵复盐。反应方程式如下：

$$FeSO_4 + (NH_4)_2SO_4 + 6H_2O \longrightarrow (NH_4)_2Fe(SO_4)_2 \cdot 6H_2O$$

目视比色法测定 Fe^{3+} 的含量原理：Fe^{3+} 与 SCN^- 生成红色的物质$[Fe(SCN)_n]^{3-n}$，当红色较深时，表明产品中 Fe^{3+} 含量较多；当红色较浅时，表明产品中 Fe^{3+} 含量较少。因此将制备的硫酸亚铁铵晶体与一定浓度的 KSCN 溶液在比色管中配制成待测溶液，将它所呈现的红色与一定量 Fe^{3+} 所配制成的$[Fe(SCN)_n]^{3-n}$ 标准溶液的红色进行比较，根据红色深浅程度，即可知待测溶液中杂质 Fe^{3+} 的含量，从而可确定产品的等级。

【试剂与仪器】

3 $mol \cdot L^{-1}$ H_2SO_4 溶液，铁屑，$(NH_4)_2SO_4(s)$，10% Na_2CO_3 溶液，25% KSCN 溶液，去离子水，无水乙醇，蒸馏水。

电子天平(分度值为 0.01 g)，锥形瓶，蒸发皿，酒精灯，水浴锅，玻璃棒，烧杯，铁架台，漏斗，布氏漏斗，比色管(25 mL)，量筒(10 mL、50 mL)，pH 试纸。

【实验内容】

1. 铁屑的预处理

称取适量铁屑(如 2.0 g)，放入锥形瓶中。加入 10% Na_2CO_3 溶液 20 mL，小火加热约 10 min，以去除铁屑表面的油污。倒掉碱液，用去离子水洗涤铁屑至中性，干燥后备用。

2. 硫酸亚铁的制备

在盛有处理过的铁屑的锥形瓶中加入 15 mL 3 $mol \cdot L^{-1}$ H_2SO_4 溶液。置于水浴中加热，轻轻摇动锥形瓶以加速反应，并补充去离子水以防 $FeSO_4$ 析出。待反应基本完成(不再产生气泡)，趁热减压过滤，滤液转移至蒸发皿中。计算已反应的铁屑量及生成的硫酸亚铁的理论产量。

3. 硫酸亚铁铵的制备

根据 $FeSO_4$ 的理论产量，计算并称取所需 $(NH_4)_2SO_4$ 的质量。将 $(NH_4)_2SO_4$ 配制成饱和溶液，倒入 $FeSO_4$ 溶液中，混合均匀。用 3 mol·L^{-1} H_2SO_4 溶液调节 pH 值为 1～2，置于水浴中加热蒸发至表面出现结晶薄膜。取出蒸发皿，静置冷却，析出硫酸亚铁铵晶体。用布氏漏斗减压过滤，晶体用少量无水乙醇洗涤，晾干后称重并计算产率。

4. 产品检验——Fe^{3+} 的限量分析

称取 1.0 g 产品置于 25 mL 比色管中，加入 15 mL 蒸馏水(去氧)溶解。随后加入 3 mol·L^{-1} H_2SO_4 溶液 1 mL 和 25% KSCN 溶液 1 mL，继续加入蒸馏水(去氧)至 25 mL 刻度线。摇匀，与标准色阶进行目测比色，确定杂质 Fe^{3+} 的含量。

【数据记录】

铁屑的加入量：__________ g

硫酸亚铁铵的理论产量：__________ g

硫酸亚铁铵的实际产量：__________ g

产率：__________%

Fe^{3+} 的含量：__________

【注意事项】

1. 铁屑的预处理要彻底，以去除油污和杂质。

2. 硫酸亚铁的制备过程中，要保持足够的酸度，控制溶液的 pH 值不大于 1，以防 Fe^{2+} 被氧化为 Fe^{3+}。趁热过滤可减少 $FeSO_4$ 的损失，洗涤液要合并入滤液以提高产率。

3. 硫酸亚铁铵的制备过程中，蒸发至出现晶膜时立即停止加热，以防晶体过热分解。

4. 用无水乙醇洗涤晶体的目的是去除表面附着的水分，同时减少晶体的溶解。

【思考题】

1. 为什么制备 $FeSO_4$ 时要保证铁有剩余？

2. 减压过滤有何特点？什么情况下应采用减压过滤？减压过滤的注意事项有哪些？

3. 硫酸亚铁铵的理论产量如何计算？

实验 18 CaO_2 的制备及含量测定

【实验目的】

1. 掌握过氧化钙的制备原理和方法。
2. 巩固对量气法原理的理解，掌握量气法测定过氧化钙含量的方法。
3. 掌握无机化合物制备的实验操作。

【实验原理】

天然大理石经过处理可以得到纯的 $CaCO_3$，再经过化学反应转化为 $CaCl_2$，$CaCl_2$ 在碱性条件下与 H_2O_2 反应可以制备 CaO_2。本实验直接以 $CaCl_2$、H_2O_2 为原料，制备过氧化钙。反应方程式如下：

$$CaCl_2+H_2O_2+2NH_3\cdot H_2O+6H_2O \longrightarrow CaO_2\cdot 8H_2O+2NH_4Cl$$

从溶液中制得的过氧化钙含有结晶水，最高可以达到 8 个结晶水。含有结晶水的过氧化钙呈白色，失去结晶水后呈黄色。加热过氧化钙至 350 ℃左右，过氧化钙迅速分解，生成氧气和氧化钙。过氧化钙的分解反应如下：

$$2CaO_2 \xrightarrow{\triangle} 2CaO+O_2\uparrow$$

过氧化钙含量的测定可采用量气法。称取一定量的无水过氧化钙，加热，使之完全分解，并在一定温度和压力下，测量反应前后量气管体积的变化，根据理想气体状态方程和反应方程式计算产品中过氧化钙的含量。

【试剂与仪器】

$CaCl_2$(s)，H_2O_2(6%)，浓氨水，无水乙醇。

电子天平(分度值为 0.01 g、0.0001 g)，量气装置，烧杯(100 mL)，量筒(25 mL、50 mL)，冰水浴装置，减压过滤装置，布氏漏斗，表面皿，烘箱，玻璃棒，酒精灯，火柴等。

【实验内容】

1. 过氧化钙的制备

称取 5.0 g 的 $CaCl_2$ 固体，用蒸馏水溶解(在 0 ℃完全溶解需要 10～15 mL H_2O)。另取一个烧杯，加入 30 mL 6%的 H_2O_2 溶液和 15 mL 浓氨水。将上述氯化钙溶液和过氧化氢-氨水溶液分别置于冰水浴中冷却 10～15 min。

待溶液充分冷却后，在剧烈搅拌下将氯化钙溶液逐滴滴入过氧化氢-氨水溶液中。滴加完毕后继续在冰水浴内放置 30 min，观察白色过氧化钙晶体的生成。减压过滤，用 5 mL 无水乙醇洗涤晶体 2～3 次，将晶体抽干。

将抽干后的过氧化钙晶体放在表面皿上，放置于 120 ℃的烘箱内烘干，约 30～40 min。取出冷却至室温后称重，计算产率。

2. 过氧化钙的定性检验

取少量自制的过氧化钙固体于试管中，加热，将带有余烬的卫生香伸入试管，观察实验现象，判断固体是否为过氧化钙。

3. 过氧化钙含量的测定

按装置图(图 3-3)将量气管与水准管用橡皮管连接，向水准管内注入水(量气管内水面最好控制在 0.00～5.00 mL 处)，并将水准管上下移动，赶净橡皮管内的空气。将试管和量气管相连，检验是否漏气。

准确称取 0.20～0.25 g 已干燥的过氧化钙固体，转移至试管底部。转动试管，使固体在试管内均匀地铺成薄层。把试管连接到量气管上，塞紧橡皮塞，调整量气管内液面在 0.00～5.00 mL 之间。使量气管与水准管液面相平，记录量气管的初读数 V_1，精确到 0.01 mL。

用小火缓慢、均匀加热试管，过氧化钙逐渐分解，放出氧气。反应过程中尽量使量气管和水准管的液面保持相平。待过氧化钙大部分分解后，加大火焰，使过氧化钙完全分解后，停止加热。待试管完全冷却至室温后，使量气管与水准管液面相平，记录量气管的终读数 V_2。

记录实验室的温度和大气压，计算产品中过氧化钙的质量分数。

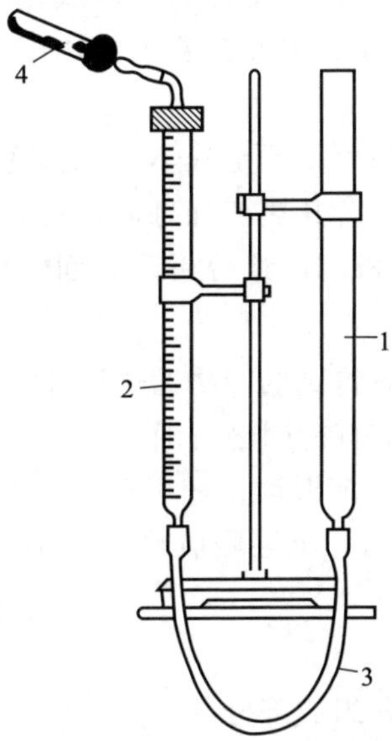

图 3-3　过氧化钙含量测定装置图

1—水准管；2—量气管；3—橡皮管；4—试管

【思考题】

1. 过氧化钙的制备得到的产品中的主要杂质有哪些？提高产品的产率和纯度的方法有哪些？

2. 为什么能用带有余烬的卫生香定性检验过氧化钙？

3. 如何通过得到的实验数据，计算产品中过氧化钙的质量分数？写出计算公式。

实验 19　碱式碳酸锌的制备及热解性能研究

【实验目的】

1. 掌握水热法制备碱式碳酸锌的基本原理和操作步骤。
2. 了解反应条件（如温度、时间、反应物浓度）对产物形态和纯度的影响。
3. 学习产物的表征方法（热重-差热分析和红外光谱）和纯度检测。

【实验原理】

碱式碳酸锌是一种组成不固定的碱式盐，其化学式通常表示为 $Zn_5(CO_3)_2(OH)_6$ 或 $3Zn(OH)_2 \cdot 2ZnCO_3$。在实验室中，常通过硫酸锌与碳酸钠(或碳酸氢钠)在水溶液中进行复分解反应来制备。

$$5Zn^{2+} + 2CO_3^{2-} + 6OH^- \longrightarrow Zn_5(CO_3)_2(OH)_6 \downarrow$$

碱式碳酸锌的热解反应可制备活性氧化锌。活性氧化锌凭借其独特的性能，在橡胶，陶瓷，国防，纺织，饲料等多个工业领域中发挥着重要作用，具有广泛的应用前景。因此碱式碳酸锌的制备具有重要的意义。

通过对碱式碳酸锌进行热重分析可以测定其热分解温度、反应中失去结晶水的情况、热分解及脱水分解的变化情况，准确地了解其热解行为，为制备活性氧化锌提供更多实验支撑。

碱式碳酸锌热解产物有定性分析和定量分析两方面的内容。

（1）定性分析

将碱式碳酸锌在不同温度下热解得到的产物通过红外吸收光谱进行分析，主要通过观察红外谱图上的吸收数据对产物中所含的官能团进行确定（未煅烧前，碱式碳酸锌在 3400 cm^{-1} 有一个宽峰，是分子间氢键的 O—H 伸缩振动；在 1830、830 和 740 cm^{-1} 处的吸收峰，是由于 CO_3^{2-} 的晶格振动引起的；而煅烧后，上述吸收峰全部消失，在 450 cm^{-1} 出现了 ZnO 的特征吸收峰）。

（2）定量分析

通过化学定量分析的方法确定各组成部分的质量分数，从而进一步确定其化学式。如锌元素的含量是通过 EDTA 滴定的方法确定的，而结晶水的数目是通过干燥脱水热重分析得到的。

【试剂与仪器】

七水合硫酸锌，碳酸氢铵，氨水，盐酸，EDTA 标准溶液，无水乙醇，氨-氯化铵缓冲溶液，0.5%铬黑 T 指示液。

磁力搅拌器，电热炉，马弗炉，红外光谱仪，抽滤瓶，漏斗，真空干燥箱，分析天平，酸式滴定管，量筒，坩埚，三口烧瓶，恒压滴液漏斗，锥形瓶。

【实验内容】

1. 制备碱式碳酸锌

称取 25.0 g 七水合硫酸锌，加入到 500 mL 三口烧瓶中，搅拌下加入 60 mL 去离子水溶解。再取 20.0 g 的碳酸氢铵溶解于 80 mL 去离子水中，随后加入到恒压滴液漏斗中，缓慢滴加到硫酸锌溶液中，控制反应体系温度在 40～50 ℃之间。溶液滴加完毕后，保持搅拌 20 min。待温度降至室温后，将反应体系进行抽滤，用少量去离子水洗涤沉淀，直到用 $BaCl_2$ 溶液不能检出滤液中含有硫酸根离子为止。随后用 2 mL 无水乙醇洗涤沉淀，抽干后，将沉淀置于表面皿中，在真空干燥箱中 70 ℃下干燥 1 h，放置备用。

2. 定性分析碱式碳酸锌

称取约 0.5 g 的产物 3 份，分别放在瓷坩埚中，在 150 ℃、250 ℃和 400 ℃下热分解 2 h，冷却后，分别做红外光谱表征，对比不同温度下产物的光谱图。

3. 定量分析碱式碳酸锌

（1）结晶水含量的测定

取两个干净的称量瓶，置于烘箱中于 110 ℃下干燥 1.5 h，取出后放于干燥器中。冷却后，在分析天平上称量，然后再放入烘箱中于 110 ℃下干燥 1.0 h，冷却后称量，重复以上操作，直至两次称量相差不超过 0.3 mg。

称取 0.5 g 已经干燥好的碱式碳酸锌两份，分别装到两个恒重的称量瓶中，在分析天平上称取准确质量后，在 110 ℃下干燥 1.0 h，然后放于干燥器中。冷却后，在分析天平上称量，重复以上操作，直至两次称量相差不超过 0.3 mg。根据以上结果计算碱式碳酸锌中结晶水的质量分数。

（2）锌元素含量的测定

在分析天平上准确称量 0.25 g 碱式碳酸锌样品两份，两次质量相差不大于 0.0002 g，分别放入到 250 mL 锥形瓶中，加入 2 mL 盐酸（6 $mol \cdot L^{-1}$）使样品溶解。随后加入 100 mL 去离子水，用 10%氨水中和至 pH＝7～8，再加入 10 mL 氨-氯化铵缓冲溶液（pH＝10）后，加入 5 滴 0.5%铬黑 T 指示液。用 0.1 $mol \cdot L^{-1}$的 EDTA 标准溶液滴定至溶液由紫色变成纯蓝色，同时做空白实验。最后根据消耗的 EDTA 标准溶液的体积，计算碱式碳酸锌样品中锌元素的质量分数。

4. 热分析碱式碳酸锌

将碱式碳酸锌进行热重分析（TG）、差热分析（DTA），升温速度为 10 $℃ \cdot min^{-1}$，范围为室温至 700 ℃。随后根据得到的 TG 和 DTA 曲线，找出样品显著分解的温度、相变情况等数据，再结合定量分析的数据，推测碱式碳酸锌的组成。

【注意事项】

1. 使用马弗炉和烘箱时，要严格注意操作过程。
2. 反应结束后，需通过过滤将固体产物与溶液分离。洗涤过程中应使用去离子水反复冲洗，以去除多余的碳酸氢铵等杂质。
3. 干燥后的碱式碳酸锌应存放在阴凉、通风、干燥的环境中，避免与酸碱类物品共同储存。

【思考题】

1. 碱式碳酸锌热解前后的红外光谱数据，能说明什么？
2. 为什么要用无水乙醇洗涤沉淀？
3. 为什么烘干的称量瓶要放到干燥器中冷却？
4. 还可以用什么标准溶液滴定锌元素？

实验 20　杂多酸的制备

【实验目的】

1. 掌握杂多酸的制备方法。
2. 掌握萃取分离操作。
3. 了解杂多酸的用途。

【实验原理】

杂多酸是由中心原子(如磷、硅、铁、钴等)和配位原子(如钨、钼、钒等)通过氧原子桥联而成的具有特定空间结构的大分子。由于它具有强酸性、氧化还原性以及独特的催化性能等，在催化、材料科学、医药等领域有着重要的应用。本实验以十二钨磷酸为例进行研究。

在碱性溶液中，W(Ⅵ)以正钨酸根离子(WO_4^{2-})的形式存在，随着溶液 pH 值减小，正钨酸根离子逐渐聚合为多酸根离子。在聚合过程中，加入一定量的磷酸盐，可以生成有确定组成的钨杂多酸根离子，如$[PW_{12}O_{40}]^{3-}$。利用钨酸钠和磷酸氢二钠在酸性条件下发生缩合反应，生成十二钨磷酸。反应方程式如下：

$$12WO_4^{2-}+HPO_4^{2-}+23H^+ \xlongequal{} [PW_{12}O_{40}]^{3-}+12H_2O$$

钨杂多酸在水溶液中结晶时，得到高水合状态的杂多酸结晶 $H_3[PW_{12}O_{40}]\cdot nH_2O$，该结晶易溶于水和有机溶剂(如乙醚、丙酮等)，在酸性水溶液中较稳定，在碱性条件下易分解。本实验利用钨杂多酸在强酸溶液中发生缩合反应生成十二钨磷酸，通过乙醚萃取得到产物。

【试剂与仪器】

钨酸钠，磷酸氢二钠，HCl(6 $mol\cdot L^{-1}$)，乙醚，H_2O_2(10%)。

烧杯，分液漏斗，蒸发皿，水浴锅。

【实验内容】

1. 十二钨磷酸溶液的制备

称取 12.5 g 钨酸钠和 2 g 磷酸氢二钠溶于 75 mL 热水中，溶液稍浑浊。边加热边搅拌下，向溶液中以细流状加入 12.5 mL 盐酸，至溶液澄清，继续加热半分钟。若溶液呈蓝色，即为钨(Ⅵ)被还原的现象，需向溶液中滴加 10%过氧化氢或溴水至蓝色褪去。冷却至室温。

2. 萃取十二钨磷酸

将烧杯中的溶液和析出的少量固体一并转移到分液漏斗中。向分液漏斗中加入 18 mL 乙醚(乙醚有沸点低、挥发性强、易燃、易爆的特点，要小心加入)，加入 5 mL 6 $mol\cdot L^{-1}$ 盐酸，混匀。静置后液体分层：上层是乙醚层，中间是由氯化钠、盐酸和其他物质组成的水溶液层，下层是油状的十二钨磷酸醚合物。分出下层溶液至蒸发皿中，在水浴中加热，至液体表面出现晶膜。若在蒸发过程中，液体变蓝，需滴加少许 10%过氧化氢至蓝色褪去。将蒸发皿放在通风处，使醚在空气中逐渐挥发，得到白色或浅黄色固体，即十二钨磷酸。称重并计算产率。

【数据记录】

将实验数据记录在表 3-14 相应位置中。

表 3-14　十二钨磷酸的质量及产率

蒸发皿质量/g	
蒸发皿和十二钨磷酸总质量/g	
十二钨磷酸质量/g	
产率/%	

【注意事项】

1. 浓盐酸具有强腐蚀性，使用时要注意安全，避免接触皮肤和眼睛，如不慎接触，应立即用大量清水冲洗，并及时就医。

2. 滴加浓盐酸时要缓慢，防止反应过于剧烈导致溶液飞溅。

3. 在分液漏斗中进行液液萃取操作时，振荡混匀不要剧烈，否则气流容易将液体带出。

【思考题】

1. 十二钨磷酸具有较强的氧化性，与橡胶、纸张、塑料等有机物质接触，甚至与空气中的灰尘接触时，均易被还原为“杂多蓝”。因此，在制备过程中，要注意哪些操作？

2. 使用乙醚时，有哪些注意事项？

实验 21　金属元素性质实验

【实验目的】

1. 掌握常见金属元素及其化合物的物理性质与化学性质。
2. 观察金属氢氧化物等化合物的特征性质。
3. 培养观察和分析实验现象的能力。

【实验原理】

碱金属和碱土金属是第ⅠA和第ⅡA族元素，其化学性质活泼。钠和钾在空气中不稳定易氧化，遇水剧烈反应生成氢气，而钙与水的反应也十分剧烈，因此它们储存在煤油里。而镁与冷水反应较慢，一般需要干燥、密封存放。

碱金属的鉴定可利用“焰色反应”，如钠的火焰呈黄色，钾的火焰呈紫色，钙的火焰呈橙红色等。碱金属的盐一般溶于水，仅有少数盐不溶，例如亚硝酸钴钠钾为黄色不溶物，可用于鉴定钾离子。反应方程式如下：

$$2K^+ + Na_3[Co(NO_2)_6] \longrightarrow K_2Na[Co(NO_2)_6] \downarrow + 2Na^+$$

常见第ⅠB和第ⅡB族元素包括铜、银、锌、汞等，它们的稳定离子多形成配合物，例如过量的碘离子与汞离子生成 $[HgI_4]^{2-}$，此配合物与 KOH 的混合液被称为奈斯勒试剂，用于检测氨或铵根离子。而锌离子可与二苯硫腙生成红色配合物沉淀，常用于锌离子的鉴定。银离子具有一定的氧化性，可与还原性有机物例如葡萄糖或甲醛反应生成单质银，反应方程式如下：

$$2[Ag(NH_3)_2]^+ + C_6H_{12}O_6 + 2OH^- \longrightarrow 2Ag \downarrow + C_6H_{11}O_7 + 4NH_3 \uparrow + H_2O$$

铬、锰、铁、钴、镍是第四周期过渡金属元素，铬属于第ⅥB族，锰是第ⅦB族，铁、钴、镍是第Ⅷ族。铬的常见氧化态为+3和+6，其氧化物 $Cr(OH)_3$ 具有两性，既溶于酸又溶于碱，反应方程式如下：

$$Cr(OH)_3 + OH^- \longrightarrow [Cr(OH)_4]^-$$

在碱性介质中，Cr(Ⅲ)易被氧化成 Cr(Ⅵ)，反应方程式如下：

$$2[Cr(OH)_4]^- + 3H_2O_2 + 2OH^- \longrightarrow 2CrO_4^{2-} + 8H_2O$$

$$2CrO_4^{2-} + 2H^+ \longrightarrow Cr_2O_7^{2-} + H_2O$$

$$Cr_2O_7^{2-} + 4H_2O_2 + 2H^+ \longrightarrow 2CrO_5 + 5H_2O$$

Cr(Ⅵ)的化合物在酸性介质中主要为 $Cr_2O_7^{2-}$（橙色），在碱性介质中为 CrO_4^{2-}（黄色），二者可相互转化。在酸性条件下 $Cr_2O_7^{2-}$ 进一步氧化，生成蓝色的过氧化铬 CrO_5（在乙醚或戊醇中更稳定），上述反应常用于鉴定 Cr^{3+}。

铬酸盐溶解度一般较小，会与钡离子等生成 $BaCrO_4$ 沉淀。在酸性条件下重铬酸根具有氧化性，例如 $K_2Cr_2O_7$ 是常见的氧化剂。

Mn(Ⅱ)在酸性介质中较稳定，在碱性介质中易被氧化。Mn(Ⅱ)盐在水溶液里无氧条件下遇碱生成白色沉淀 $Mn(OH)_2$，$Mn(OH)_2$ 的 K_{sp} 较小。在空气中极易被氧化成 Mn(Ⅳ)，即 $MnO_2 \cdot H_2O$。MnO_2 是黑褐色难溶物，在酸性介质中可以作为氧化剂。

分别向含有 Fe^{2+}、Co^{2+}、Ni^{2+} 的溶液中加碱，会生成相应的 $M(OH)_2$，三种氢氧化物具有碱性，溶于强酸，不溶于碱。在空气中的稳定性不同，Fe^{2+} 和 Co^{2+} 的 $M(OH)_2$ 在空气中易被氧化，$Ni(OH)_2$ 不能被空气中的氧气氧化，可以被次氯酸钠等氧化剂氧化生成相应的 $Ni(OH)_3$。Co^{3+}、Ni^{3+} 的 $M(OH)_3$ 是碱性氢氧化物，与酸反应的同时由于其强氧化性，会氧化盐酸中的氯离子生成氯气或与硫酸反应生成氧气，最终得到 Co^{2+}、Ni^{2+}。$Fe(OH)_3$ 是以碱性为主的两性氢氧化物，但新制备的 $Fe(OH)_3$ 可溶于热浓强碱。$Fe(OH)_3$ 与酸反应时 Fe^{3+} 不被还原。

【试剂与仪器】

浓度均为 0.1 $mol \cdot L^{-1}$ 的 $ZnSO_4$、$CrCl_3$、$MnSO_4$、K_2CrO_4、$K_2Cr_2O_7$、$AgNO_3$、$CaCl_2$、$BaCl_2$、$MnCl_2$，$CoCl_2$(0.5 $mol \cdot L^{-1}$)，$NiSO_4$(0.2 $mol \cdot L^{-1}$)，HCl(2 $mol \cdot L^{-1}$)，HNO_3(2 $mol \cdot L^{-1}$、6 $mol \cdot L^{-1}$)，H_2SO_4(3 $mol \cdot L^{-1}$)，NaOH(2 $mol \cdot L^{-1}$、6 $mol \cdot L^{-1}$)，$NH_3 \cdot H_2O$(2 $mol \cdot L^{-1}$)，浓 HCl，H_2O_2(3%)，10%的葡萄糖溶液，二苯硫腙的 CCl_4 溶液，20%的亚硝酸钴钠溶液；$FeSO_4 \cdot 7H_2O$，淀粉-KI 试纸，溴水，戊醇。

试管，离心管，离心机，水浴锅，试管夹，酒精灯。

【实验内容】

1. 常见金属离子的鉴定

(1) K^+ 的鉴定

K^+ 的盐大多溶解度较大，用亚硝酸钴钠法鉴定。

(2) Zn^{2+} 的鉴定

取 3 滴 0.1 $mol \cdot L^{-1}$ $ZnSO_4$，加 3 滴 6 $mol \cdot L^{-1}$ NaOH，再加 0.5 mL 二苯硫腙的 CCl_4 溶液，振荡试管，观察水溶液层和 CCl_4 层颜色的变化。写出反应方程式。

(3) Cr^{3+} 的鉴定

取 3 滴 0.1 $mol \cdot L^{-1}$ $CrCl_3$ 溶液，逐滴加入 6 $mol \cdot L^{-1}$ NaOH 至过量，然后滴加 3%的 H_2O_2，微热，观察现象。待试管冷却后，再补加 3 滴 H_2O_2 和 0.5 mL 戊醇，慢慢滴入 6 $mol \cdot L^{-1}$ HNO_3，振荡试管，观察现象。写出有关的反应方程式。

2. 铬、锰、铁、钴、镍氢氧化物的生成与性质

① 制备少量 $Cr(OH)_3$，向 $Cr(OH)_3$ 中分别加入少量酸或碱，检验沉淀物的酸碱性，观察现象。写出有关的反应方程式。

② 在 3 支试管中各加入 2 滴 0.1 $mol \cdot L^{-1}$ $MnSO_4$ 和 2 $mol \cdot L^{-1}$ NaOH(均预先加热除氧)，在 2 支试管内分别迅速加入少量酸或碱，振荡三支试管，观察现象。写出有关的反应方程式。

③ 取 2 mL 去离子水，加入 2 滴 3 $mol \cdot L^{-1}$ H_2SO_4，煮沸除去氧，冷却后加少量 $FeSO_4 \cdot 7H_2O$(s)使其溶解。在另一支试管中加入 1 mL 2 $mol \cdot L^{-1}$ NaOH，煮沸除氧。冷却后用长滴管吸取此 NaOH 溶液，迅速插入 $FeSO_4$ 溶液底部挤出，观察现象。振荡后分为 3 份，取两份分别加入少量酸和碱，检验酸碱性，另一份在空气中放置，观察现象。写出有关的反应方程式。

④ 在 3 支试管中各加入 3 滴 0.5 $mol \cdot L^{-1}$ $CoCl_2$，再逐滴加入 2 $mol \cdot L^{-1}$ NaOH，观察

现象。离心分离，弃去清液，然后检验两支试管中沉淀的酸碱性，将第三支试管中的沉淀在空气中放置，观察现象。写出有关的反应方程式。

⑤ 用 0.2 $mol\cdot L^{-1}$ $NiSO_4$ 代替 0.5 $mol\cdot L^{-1}$ $CoCl_2$，重复实验④。

通过观察实验③～⑤中氢氧化物在空气中放置的实验现象，比较 $Fe(OH)_2$、$Co(OH)_2$、$Ni(OH)_2$ 还原性的强弱。

⑥ 制取少量 $Fe(OH)_3$，观察其颜色和状态，加入少量酸或碱，检验酸碱性。

⑦ 取 3 滴 0.5 $mol\cdot L^{-1}$ $CoCl_2$，加 3 滴溴水，然后加入 2 $mol\cdot L^{-1}$ NaOH，振荡试管，观察现象。离心分离，弃去清液，在沉淀中滴加浓 HCl，并用淀粉-KI 试纸检查逸出的气体。写出有关的反应方程式。

⑧ 用 0.2 $mol\cdot L^{-1}$ $NiSO_4$ 代替 0.5 $mol\cdot L^{-1}$ $CoCl_2$，重复实验⑦。

通过实验⑥～⑧，比较 Fe(Ⅲ)、Co(Ⅲ)、Ni(Ⅲ)氧化性的强弱。

3. CrO_4^{2-} 和 $Cr_2O_7^{2-}$ 的相互转化

① 取 3 滴 0.1 $mol\cdot L^{-1}$ K_2CrO_4，逐滴加入 3 $mol\cdot L^{-1}$ H_2SO_4，观察现象。再逐滴加入 2 $mol\cdot L^{-1}$ NaOH，观察有何变化。写出反应方程式。

② 在两支试管中分别加入 3 滴 0.1 $mol\cdot L^{-1}$ K_2CrO_4 和 0.1 $mol\cdot L^{-1}$ $K_2Cr_2O_7$，然后分别滴加 0.1 $mol\cdot L^{-1}$ $BaCl_2$，观察现象。再分别滴加 2 $mol\cdot L^{-1}$ HCl，观察现象。写出有关的反应方程式。

4. 银镜反应

在 1 支干净的试管中加入 1 mL 0.1$mol\cdot L^{-1}$ $AgNO_3$，滴加 2 $mol\cdot L^{-1}$ $NH_3\cdot H_2O$ 至生成的沉淀刚好溶解，随后加入 2 mL 10%的葡萄糖溶液，放在水浴锅中加热片刻，观察现象。然后倒掉溶液，加 2 $mol\cdot L^{-1}$ HNO_3 使银溶解。写出有关的反应方程式。

【思考题】

1. 制备 $Mn(OH)_2$ 和 $Fe(OH)_2$ 时，为什么要煮沸 NaOH 溶液？
2. 银镜反应利用了银离子的什么性质？
3. 如何选择合适的氧化剂将 $FeSO_4$ 转化成 $Fe_2(SO_4)_3$，将 $FeCl_2$ 转化成 $FeCl_3$？

实验 22　非金属元素性质实验

【实验目的】

1. 掌握常见非金属元素及其化合物的物理性质与化学性质。
2. 了解常见阴离子的鉴定方法。
3. 培养观察和分析实验现象的能力。

【实验原理】

氧和硫是第ⅥA族元素。除惰性气体元素外，氧几乎可以和其他所有元素形成化合物。氧与氢元素形成的化合物除水外还有过氧化氢。过氧化氢是常见的氧化剂。由于过氧化氢中氧的氧化数是−1，因此过氧化氢既可以被氧化又可以被还原。硫的化合物包括硫化氢、金属硫化物、二氧化硫、亚硫酸及其盐、三氧化硫、硫酸及其盐以及硫代硫酸和过硫酸等。SO_2 是无色、有刺激性气味的气体，易溶于水，水溶液即亚硫酸溶液。亚硫酸既有氧化性又有还原性，以还原性为主。反应方程式如下：

$$2MnO_4^- + 5H_2SO_3 \longrightarrow 2Mn^{2+} + 5SO_4^{2-} + 4H^+ + 3H_2O$$

$$2H_2S + H_2SO_3 \longrightarrow 3S\downarrow + 3H_2O$$

氮和磷是第ⅤA族元素。氨是氮元素的重要氢化物，它可以使湿润的红色石蕊试纸变蓝，这一性质经常用于氨或铵盐的鉴定。氮的含氧酸包括硝酸和亚硝酸。亚硝酸不稳定、易分解，而亚硝酸盐很稳定，亚硝酸盐既可以被氧化，又可以被还原，在酸性介质中表现为氧化性，只有遇到较强的氧化剂如 $KMnO_4$ 时才显示还原性。硝酸具有强氧化性，其还原产物随硝酸浓度不同而不同，与浓硝酸反应一般生成 NO_2，与稀硝酸反应生成 NO、NH_4^+ 等。反应方程式如下：

$$Cu + 4HNO_3(\text{浓}) \longrightarrow Cu(NO_3)_2 + 2NO_2\uparrow + 2H_2O$$

$$4Zn + 10HNO_3(\text{稀}) \longrightarrow 4Zn(NO_3)_2 + NH_4NO_3 + 3H_2O$$

硝酸盐都十分稳定，易溶于水，可用棕色环实验来鉴定硝酸根离子。反应方程式如下：

$$3Fe^{2+} + NO_3^- + 4H^+ \longrightarrow 3Fe^{3+} + 2H_2O + NO\uparrow$$

$$FeSO_4 + NO \longrightarrow [Fe(NO)]SO_4(\text{棕色})$$

磷酸是非挥发性三元酸，磷酸氢盐和磷酸二氢盐常用于缓冲溶液的配制，磷酸根离子常用生成黄色磷钼酸铵沉淀的方法鉴定。反应方程式如下：

$$PO_4^{3-} + 12MoO_4^{2-} + 24H^+ + 3NH_4^+ \longrightarrow (NH_4)_3PO_4\cdot 12MoO_3\cdot 12H_2O\downarrow(\text{黄色})$$

氟、氯、溴、碘是第ⅦA族元素。卤素单质具有较强的氧化性，按氧化能力大小排列为 $F_2 > Cl_2 > Br_2 > I_2$，因此排在前面的卤素单质可以将排在后面的卤素从卤化物中置换出来。如：

$$Cl_2 + 2Br^- \longrightarrow Br_2 + 2Cl^-$$

卤素离子的还原性则遵循相反的顺序，三价铁可以氧化碘离子，一般不能氧化氯离子和溴离子。卤素离子和银离子反应生成相应的卤化银沉淀，根据其颜色不同，常用于卤素离子的鉴定。另外，卤素单质在四氯化碳中的溶解度大于在水中的溶解度，溴的四氯化碳溶液呈橙黄色，碘的四氯化碳溶液呈紫红色，也常用于卤素离子的分离鉴定。

金属的硅酸盐多数难溶或微溶于水，而且呈现各种不同的颜色。当金属盐晶体投入到硅酸钠溶液中时，立即在晶体表面形成一层难溶硅酸盐的薄膜(胶体)，此薄膜有半透膜的性质，允许水渗入膜内，使可溶性金属盐溶解，并将硅酸盐薄膜撑破。当金属盐溶液遇到硅酸钠时又立即作用形成一层新的难溶薄膜，如此反复渗透，硅酸盐形成芽状或树枝状，从而产生“水中花园”的现象。

【试剂与仪器】

浓度为 0.1 $mol \cdot L^{-1}$ 的 $KMnO_4$、KNO_3、NaCl、Na_3PO_4、KBr、KI、$FeCl_3$、$AgNO_3$，$NH_3 \cdot H_2O$(2 $mol \cdot L^{-1}$)，H_2SO_4(2 $mol \cdot L^{-1}$)，HNO_3(2 $mol \cdot L^{-1}$)，浓 H_2SO_4，浓 HNO_3，$FeSO_4 \cdot 7H_2O$、$CaCl_2$、$CuSO_4$、$ZnSO_4 \cdot 7H_2O$、$FeCl_3$、$CoCl_2$、$NiSO_4$ 晶体，SO_2 饱和溶液，碘水，溴水，氯水，淀粉溶液，钼酸铵试剂，铜屑，锌粉，NaCl、KBr、KI 固体，CCl_4。

pH 试纸，淀粉-KI 试纸，$Pb(Ac)_2$ 试纸，试管，水浴锅。

【实验内容】

1. 亚硫酸的性质

① 酸性：用 pH 试纸检测亚硫酸(SO_2 饱和溶液)的酸碱性。

② 取 5 滴 0.1 $mol \cdot L^{-1}$ $KMnO_4$，加入 2 滴 2 $mol \cdot L^{-1}$ H_2SO_4，加入 SO_2 饱和溶液，观察现象，写出有关的反应方程式。

③ 取碘水 5 滴，加入 1 滴淀粉溶液，滴加 SO_2 饱和溶液，观察现象，写出有关的反应方程式。

2. 硝酸的氧化性

① 在试管内放入 1 小块铜屑，加入几滴浓 HNO_3，观察实验现象。然后迅速加水稀释，倒掉溶液，回收铜屑。写出反应方程式。

② 在试管中放入少量锌粉，加入 1 mL 2 $mol \cdot L^{-1}$ HNO_3，观察现象(如不反应可微热)。取清液检验是否有 NH_4^+ 生成。写出有关的反应方程式。

3. NO_3^- 的鉴定

取 1 mL 0.1 $mol \cdot L^{-1}$ KNO_3，加入少量 $FeSO_4 \cdot 7H_2O$ 晶体，振荡试管使其溶解。然后倾斜试管，沿管壁小心滴加 1 mL 浓 H_2SO_4，静置片刻，观察两种液体界面处的棕色环。写出有关反应方程式。

4. PO_4^{3-} 的鉴定

取 3 滴 0.1 $mol \cdot L^{-1}$ Na_3PO_4，加入 0.5 mL 浓 HNO_3，再加入 1 mL 钼酸铵试剂，在 40～45℃水浴中微热，观察现象。写出反应方程式。

5. 卤素离子的还原性

① 取 3 支试管分别加入少量 NaCl、KBr、KI 固体，然后加入浓 H_2SO_4，滴加 0.1 $mol \cdot L^{-1}$ NaCl 溶液，观察实验现象，并依次用湿润的 pH 试纸、淀粉-KI 试纸、$Pb(Ac)_2$ 试纸检测生成的气体，分析产物的成分，并写出有关的离子反应方程式。

② 取 3 支试管分别加入少量 0.1 $mol \cdot L^{-1}$ NaCl、KBr、KI 溶液，随后均加入 0.5 mL

CCl_4，再逐滴加入 0.1 mol·L^{-1} $FeCl_3$，边加边振荡，观察 CCl_4 层颜色的变化。写出离子反应方程式。

6. Cl^-、Br^- 和 I^- 的鉴定

① 取 2 滴 0.1 mol·L^{-1} NaCl 于试管中，加入 1 滴 2 mol·L^{-1} HNO_3 和 2 滴 0.1 mol·L^{-1} $AgNO_3$，观察现象。在沉淀中加入数滴 2 mol·L^{-1} $NH_3 \cdot H_2O$，振荡使沉淀溶解，再加数滴 2 mol·L^{-1} HNO_3，观察有何变化。写出有关的离子反应方程式。

② 取 2 滴 0.1 mol·L^{-1} KBr，加入 1 滴 2 mol·L^{-1} H_2SO_4 和 0.5 mL CCl_4，再逐滴加入氯水，边加边振荡，观察 CCl_4 层颜色的变化。写出离子反应方程式。

③ 用 0.1 mol·L^{-1} KI 代替 KBr，用溴水代替氯水重复上述实验。

7. 金属离子硅酸盐的性质

“水中花园”实验：配制约 80 mL 20%的 Na_2SiO_3 溶液于 100 mL 烧杯中，然后分散加入 $CaCl_2$、$CuSO_4$、$ZnSO_4 \cdot 7H_2O$、$FeCl_3$、$CoCl_2$、$NiSO_4$ 晶体各一小粒，静置 1～2 h 后观察“石笋”的生成与颜色。

【思考题】

1. 举例说明如何鉴定亚硫酸根离子。
2. 为什么硝酸一般不用作酸性反应的介质？
3. 举例说明铵根离子的鉴定方法。
4. 为什么用淀粉-KI 试纸检验氯气时，试纸颜色会先变蓝然后褪色？

实验 23　未知离子的分离和鉴定（阳离子）

【实验目的】

1. 了解阳离子混合溶液的分离和分析方法。
2. 掌握常见阳离子的分离和鉴定方法。
3. 培养综合运用基础知识解决问题的能力。

【试剂与仪器】

Na_2S(0.1 mol·L^{-1})，H_2SO_4(3 mol·L^{-1})，HNO_3(6 mol·L^{-1})，$K_4[Fe(CN)_6]$(0.1 mol·L^{-1})，$NaBiO_3$(s)，NaOH(2 mol·L^{-1})，$H_2C_2O_4$(1 mol·L^{-1})，H_2O_2(3%)，戊醇，Na_2SO_3(0.1 mol·L^{-1})。

试管，离心管，离心机，水浴锅，试管夹，酒精灯。

【实验内容】

1. 含 Cu^{2+} 和 Mn^{2+} 的混合溶液的分离和鉴定

实验要求：根据提供的试剂和仪器，设计实验方案对含 Cu^{2+} 和 Mn^{2+} 的混合溶液进行分离和鉴定。画出分离和鉴定的流程图和步骤，写出实验现象和相关的化学反应方程式。

2. 含 Cr^{3+} 和 Mn^{2+} 的混合溶液的分离和鉴定

实验要求：根据提供的试剂和仪器，设计实验方案对含 Cr^{3+} 和 Mn^{2+} 的混合溶液进行分离和鉴定。画出分离和鉴定的流程图和步骤，写出实验现象和相关的化学反应方程式。

【实验提示】

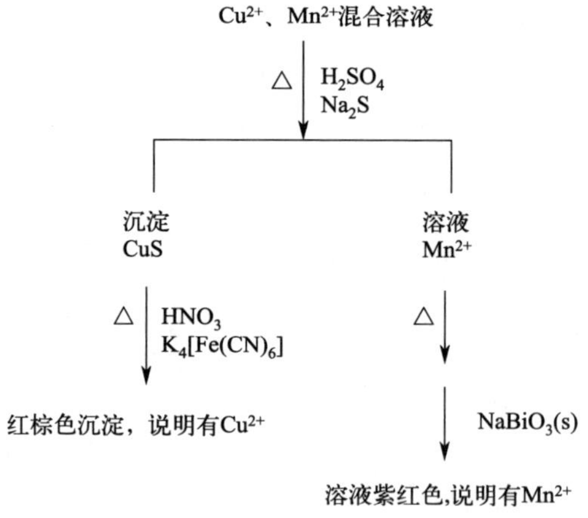

实验 24　未知离子的分离和鉴定（卤素离子）

【实验目的】

1. 了解阴离子混合溶液的分离和分析方法。
2. 掌握卤素离子的分离和鉴定方法。
3. 培养综合运用基础知识解决问题的能力。

【试剂与仪器】

$AgNO_3$（0.1 mol·L^{-1}），H_2SO_4（3 mol·L^{-1}、6 mol·L^{-1}），HAc（6 mol·L^{-1}），HNO_3（2 mol·L^{-1}），$FeCl_3$（0.1 mol·L^{-1}），KIO_3（0.1 mol·L^{-1}），$(NH_4)_2CO_3$（12%），H_2O_2（3%），$KMnO_4$（0.1 mol·L^{-1}），CCl_4，淀粉，Zn 粉。

试管，离心管，离心机，水浴锅，试管夹，酒精灯。

【实验内容】

含 Cl^-、Br^-、I^- 的混合溶液的分离和鉴定

实验要求：根据提供的试剂和仪器，设计实验方案对含 Cl^-、Br^-、I^- 的混合溶液进行分离和鉴定。画出分离和鉴定的流程图和步骤，写出实验现象和相关的化学反应方程式。

【实验提示】

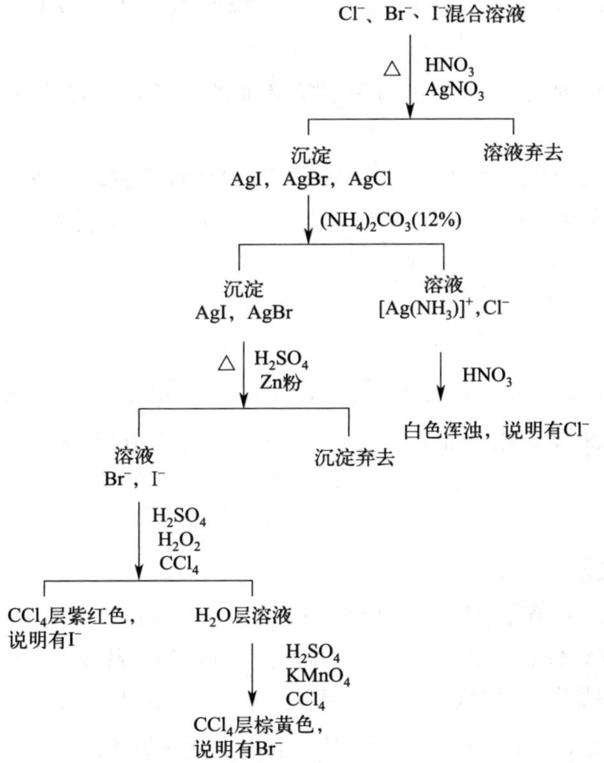

实验 25　果蔬中维生素 C 的含量测定及还原性实验

【实验目的】

1. 了解维生素 C 的化学性质。
2. 自行设计简单实验，测定并比较果蔬中维生素 C 的含量。
3. 讨论并总结生活中维生素 C 与温度的关系。

【实验原理】

维生素 C(vitamin C，ascorbic acid)广泛存在于自然界中，主要存在于植物体中，例如水果和蔬菜。在柑橘、番茄、辣椒、马铃薯及浆果中含量较为丰富。人体中的维生素 C 主要存在于皮肤、血液、肠道、牙龈和脑部等组织中，具有促进非血红素铁吸收、解毒、维持免疫功能和抗氧化等作用，它是细胞代谢中重要的氧化还原物质，也是人体维持生命不可或缺的物质之一。维生素 C 参与人体内的氧化还原过程，促进人体的生长发育，增强人体对疾病的抵抗力，促进细胞间质中胶原的形成。

维生素 C 是一种水溶性维生素，又称为抗坏血酸，为白色结晶性粉末，无臭，味酸，易溶于水，略溶于乙醇。维生素 C 是强还原剂，其分子结构中的烯二醇基团[—C(OH)═C(OH)—]是体现还原性的关键部位，可提供电子参与氧化还原反应。在所有的维生素中，维生素 C 是最不稳定的，其水溶液能很快被空气氧化成脱氢抗坏血酸，在加热时，尤其是在中性或碱性溶液中，极易变质。维生素 C 在加工和储藏过程中很容易被破坏，尤其铜和铁对其破坏作用较大。维生素 C 可将黄色的 Fe^{3+} 还原为浅绿色的 Fe^{2+}，将紫色 $KMnO_4$ 还原为无色的 Mn^{2+}。

维生素 C 可被氧化剂 I_2 定量氧化为脱氢抗坏血酸，该反应经常用来测定维生素 C 含量，反应如下：

$$C_6H_8O_6(\text{维生素 C}) + I_2 \longrightarrow C_6H_6O_6(\text{脱氢抗坏血酸}) + 2HI$$

该反应可用淀粉作指示剂，操作简单，成本低，缺点是易受其他还原性物质(如多酚类)的影响。

【试剂与仪器】

维生素 C 药片，$FeCl_3$(0.1 mol·L^{-1})，KSCN(0.1 mol·L^{-1})，碘-淀粉溶液。

烧杯(100 mL)，量筒，细纱布，研钵，剪刀，试管，pH 试纸。

【实验内容】

1. 维生素 C 的性质

取一片维生素 C 药片放于 100 mL 烧杯中，加入 20 mL 水溶解，待用。

① 维生素 C 的酸碱性：取维生素 C 待用液 1 mL，用 pH 试纸测量溶液的 pH。

② 维生素 C 的还原性：取维生素 C 待用液 1 mL，加入 3 滴 0.1 mol·L^{-1} 的 $FeCl_3$ 溶液，振荡，再加入 1 滴 0.1 mol·L^{-1} 的 KSCN 溶液，观察现象。

取一支试管，加入 1 mL 蒸馏水，在蒸馏水中加入 3 滴 0.1 $mol \cdot L^{-1}$ 的 $FeCl_3$ 溶液。振荡，再加入 1 滴 0.1 $mol \cdot L^{-1}$ 的 KSCN 溶液，观察现象。

2. 自行设计实验：果蔬中维生素 C 含量的半定量测定及比较

例如：取两种水果或蔬菜各 10 g，放于研钵中，加入 10 mL 水，研碎后用细纱布挤出汁液，待用。

① 取 2 支试管，各加入 2 滴碘-淀粉溶液，分别滴加新鲜制备的两种汁液，观察现象并记录滴加的数量，估算哪种水果或蔬菜中维生素 C 含量高。

② 取 6 支试管，各加入 2 滴碘-淀粉溶液，分别滴加放置了 5 min、20 min 和 40 min 的汁液，观察现象并记录滴加的数量。

③ 将汁液加热，重复上述操作，观察现象并讨论。

④ 在汁液中加入一定浓度的 NaOH 溶液后重复上述操作，观察现象并讨论。

【思考题】

1. 基于维生素 C 的结构分析它具有哪些性质。
2. 维生素 C 的还原性来源于什么结构？应如何保存维生素 C？
3. 维生素 C 溶液易被氧化，在实验操作过程中注意事项有哪些？
4. 通过实验的比较，对果蔬中的维生素 C 有何认识？

实验 26　自然水体和土壤中元素定性分析

【实验目的】

1. 增加学生对探索大自然的兴趣。
2. 掌握水和土壤中一些化学元素的定性检验方法。

【实验原理】

自然水体中常见元素包括：主要阳离子 Na^+、K^+、Ca^{2+}、Mg^{2+}(通常含量较高，决定水的硬度)，次要阳离子 Fe^{2+}/Fe^{3+}、Mn^{2+}、Al^{3+}、Cu^{2+}、Zn^{2+} 等(微量，可能来自工业污染或地质背景)，阴离子 Cl^-、SO_4^{2-}、HCO_3^-/CO_3^{2-}(主要阴离子)、NO_3^-(农业污染标志)、F^-、PO_4^{3-}(富营养化指标)，痕量元素 As、Pb、Cd、Hg(毒性元素，需高灵敏度检测)。

常用的定性分析方法包括化学分析法和仪器分析法。化学分析法例如：Ca^{2+}/Mg^{2+} 可以通过加入草酸铵(白色沉淀显示 Ca^{2+} 存在)或磷酸铵(白色沉淀显示 Mg^{2+} 存在)来鉴定；Cl^- 一般与硝酸银溶液反应生成白色 AgCl 沉淀；SO_4^{2-} 可以加入氯化钡溶液生成白色 $BaSO_4$ 沉淀。仪器分析法例如：原子吸收光谱法(AAS)、电感耦合等离子体质谱法(ICP-MS，检测金属元素)和离子色谱法(IC)。

土壤中的大量元素包括 Si、Al、Fe、Ca、Mg、K、Na(构成土壤矿物骨架)；营养元素包括 N、P、S(有机质相关)，Cu、Zn、Mn、B(微量营养)；重金属污染物有 Pb、Cd、Cr、As、Ni 等。定性方法包括化学提取法和快速筛查法。化学提取法例如：用盐酸检测碳酸盐(冒泡显示 $CaCO_3$ 的存在)。快速筛查法例如：X 射线荧光光谱法(XRF)可无损检测多种元素，火焰光度法测 K^+、Na^+。

对自然水体或土壤等复杂介质进行分析之前样品一般要进行预处理。水样需过滤(0.45 μm 膜)去除悬浮物。土壤需风干、研磨、酸消解(如 HNO_3-HF 体系)。

【试剂与仪器】

HCl(2 mol·L^{-1})，H_2SO_4(2 mol·L^{-1})，HAc(6 mol·L^{-1})，$(NH_4)_2C_2O_4$(饱和溶液)，酒石酸钾钠(10%)，NH_3-NH_4Cl 缓冲液(pH＝10)，铬黑 T 指示剂，NaOH 溶液(10%)，1∶1 氨水，$K_2[HgI_4]$溶液(奈斯勒试剂)，EDTA-HCHO 溶液，HNO_3(5 mol·L^{-1})，$BaCl_2$(0.1 mol·L^{-1})，$AgNO_3$(0.1 mol·L^{-1})，二苯胺硫酸溶液(10%)，亚硝酸钴钠溶液(20%) 镁试剂Ⅰ，四苯硼化钠溶液(3%)，钼酸铵硫酸溶液(5%)，氯化亚锡甘油液(0.5 mol·L^{-1})。

烧杯，试管，试管夹，量筒(10 mL)，烧杯(100 mL)，表面皿，电子天平(分度值为 0.1 g)，白瓷点滴板，离心机，离心管。

【实验内容】

1. 水体中某些元素的鉴定

(1) 检验 Ca^{2+}

取 5 mL 自然水样于离心管中，加 2 滴 6 mol·L^{-1} HAc 溶液，再加 4 滴饱和$(NH_4)_2C_2O_4$

溶液，若有白色沉淀生成或溶液浑浊，表示有 Ca^{2+} 存在。

(2) 检验 Mg^{2+}

取 5 mL 自然水样于试管中，加入 6 mol·L^{-1} NaOH 溶液和 3～4 滴镁试剂Ⅰ溶液，生成蓝色沉淀，表示有 Mg^{2+} 存在。

(3) 检验 Cl^-

取 5 mL 自然水样于试管中，加入 1 滴 5 mol·L^{-1} HNO_3 和 1 滴 0.1 mol·L^{-1} $AgNO_3$ 溶液，观察并记录实验现象，得出结论。

(4) 检验 SO_4^{2-}

取 5 mL 自然水样于试管中，加入 1 滴 2 mol·L^{-1} HCl，振荡，再加 1 滴 0.1 mol·L^{-1} $BaCl_2$ 溶液，观察并记录实验现象，得出结论。

2. 土壤中某些元素的鉴定

(1) 土壤浸取液的制备

取 5 g 左右的土壤置于试管中，加入 2 mol·L^{-1}的 HCl 5 mL，用玻璃棒充分搅拌，静置，上层清液为土壤浸取液，用于土壤中元素的鉴定反应。

(2) 硝态氮的鉴定

取适量土壤浸取液于点滴板上，并加几滴二苯胺硫酸溶液，变蓝说明有 NO_3^-。

(3) 铵态氮的鉴定

取适量土壤浸取液于点滴板上，加 1 滴酒石酸钾钠溶液以消除 Fe 的影响，用奈斯勒试剂($K_2[HgI_4]$)鉴定 NH_4^+。

(4) 磷的鉴定

取适量土壤浸取液于点滴板上，依次滴加钼酸铵硫酸溶液和氯化亚锡甘油液，显蓝色说明有磷元素。

(5) 钾的鉴定

取适量土壤浸取液于点滴板上，滴加亚硝酸钴钠溶液，有黄色沉淀生成表示有 K^+，或取适量土壤浸取液于点滴板上，依次滴加 EDTA-HCHO 溶液和 3%四苯硼化钠溶液，有白色沉淀说明有 K^+。

【思考题】

1. 在检测水体中 SO_4^{2-} 时，为何要先加入稀盐酸酸化后再加 $BaCl_2$ 溶液？若直接加入 $BaCl_2$ 溶液可能会有什么干扰？

2. 如果在水样中加入 $AgNO_3$ 未观察到白色沉淀，则证明水样中的 Cl^- 浓度低于多少？

3. 如果土壤浸出液中加入亚铁氰化钾溶液后出现蓝色沉淀，说明存在什么离子？写出可能的化学反应方程式。若溶液呈黄色但未出现蓝色沉淀，能否排除铁离子的存在？为什么？

实验 27　配位反应及配位化合物性质

【实验目的】

1. 掌握配合物与简单化合物的区别。
2. 了解配位平衡与酸碱平衡、沉淀溶解平衡、氧化还原平衡的关系。
3. 比较配合物的稳定性，了解螯合物的形成条件。

【实验原理】

配位化合物（简称配合物）由中心金属离子(或原子)与周围的配体通过配位键结合形成。配位化合物一般分为外界和内界两部分，由中心原子或者离子与配体形成的一个相对稳定的整体称为配合物的内界，常用方括号括起来，而外界则是与内界以离子键结合的离子或分子。配位化合物在水溶液中存在化学平衡，即同时存在着配位过程和解离过程。例如：

$$Ag^+ + 2NH_3 \rightleftharpoons [Ag(NH_3)_2]^+$$

该反应的平衡常数 $K_f^\ominus$ 为：

$$K_f^\ominus = (c\{[Ag(NH_3)_2]^+\}/c^\ominus)/\{[c(Ag^+)/c^\ominus][c(NH_3)/c^\ominus]^2\}$$

$K_f^\ominus$ 的数值可用于判断配位反应进行的程度以及配合物的稳定性。$K_f^\ominus$ 越大，配合物越稳定。根据配位平衡可知，改变中心离子或者配体的浓度都可以使平衡发生移动。如：加入沉淀剂、改变溶液的浓度及酸度等条件，配位平衡都将发生移动。简单离子形成配位化合物后，其颜色、溶解度、电极电势等都会发生变化，利用这些变化可以检验有关离子。

【试剂与仪器】

浓度均为 0.1 $mol \cdot L^{-1}$ 的 $BaCl_2$、$FeCl_3$、KI、KBr、NaCl、$AgNO_3$、$FeSO_4$、$Na_2S_2O_3$、KSCN、KNO_3、Na_2S、$CoCl_2$、$K_3[Fe(CN)_6]$、$K_4[Fe(CN)_6]$、EDTA、NaOH，$CuSO_4$（0.2 $mol \cdot L^{-1}$），$NiSO_4$（0.2 $mol \cdot L^{-1}$），$(NH_4)_2C_2O_4$（饱和），HCl(6 $mol \cdot L^{-1}$)，HNO_3（6 $mol \cdot L^{-1}$），$NH_3 \cdot H_2O$（2 $mol \cdot L^{-1}$、6 $mol \cdot L^{-1}$），浓 $NH_3 \cdot H_2O$，NH_4F(10%)，NaOH(6 $mol \cdot L^{-1}$)，$SnCl_2$(0.5 $mol \cdot L^{-1}$)，$Na_3[Co(NO_2)_6]$(20%)，丁二酮肟的乙醇溶液，CCl_4，乙醇(95%)，浓盐酸。

试管，离心管，离心机，水浴锅。

【实验内容】

1. 简单离子和配离子的区别

① 取两支离心管，一支加入 5 滴 0.2 $mol \cdot L^{-1}$ $NiSO_4$ 和 2 滴 0.1 $mol \cdot L^{-1}$ $BaCl_2$，离心，观察沉淀颜色；另一支加入 5 滴 0.2 $mol \cdot L^{-1}$ $NiSO_4$ 和 2 滴 0.1 $mol \cdot L^{-1}$ NaOH，离心，观察并记录实验现象。

取一支试管，加入 15 滴 0.2 $mol \cdot L^{-1}$ $NiSO_4$，滴加 6 滴 6 $mol \cdot L^{-1}$ $NH_3 \cdot H_2O$，边滴加边振荡，然后继续加入 6 $mol \cdot L^{-1}$ $NH_3 \cdot H_2O$ 至沉淀溶解，随后再加入 6 滴浓 $NH_3 \cdot$

H_2O。将溶液分成两份，分别滴加 5 滴 0.1 mol·L^{-1} $BaCl_2$ 和 5 滴 0.1 mol·L^{-1} NaOH。观察并记录实验现象，与上述实验对比。

② 取两支试管，一支加入 5 滴 0.1 mol·L^{-1} $FeCl_3$、5 滴 0.1 mol·L^{-1} KI 和 10 滴 CCl_4；另一支加入 5 滴 0.1 mol·L^{-1} $K_3[Fe(CN)_6]$、5 滴 0.1 mol·L^{-1} KI 和 10 滴 CCl_4。对比观察并记录实验现象，得出结论。

2. 配合物的生成

（1）无色配合物

取一支试管，加入 1 滴 0.1 mol·L^{-1} $AgNO_3$ 和 1 滴 0.1 mol·L^{-1} NaCl，向试管中继续滴加 6 mol·L^{-1} $NH_3 \cdot H_2O$ 至沉淀溶解，保留为溶液 2-1，观察、记录实验现象，并写出反应方程式。

（2）有色配合物

① 取一支试管，加入 1 滴 0.1 mol·L^{-1} $FeCl_3$ 和 3 滴 0.1 mol·L^{-1} KSCN，保留为溶液 2-2，观察、记录实验现象，并写出反应方程式。

② 取一支试管，加入 3 滴 0.2 mol·L^{-1} $CuSO_4$ 和 1 滴 6 mol·L^{-1} $NH_3 \cdot H_2O$，观察是否有沉淀生成，继续滴加 6 mol·L^{-1} $NH_3 \cdot H_2O$ 至沉淀消失，观察溶液颜色。加入 20 滴 95%乙醇，静置，观察晶体颜色，解释现象，并写出反应方程式。

（3）难溶配合物

① 取一支试管，加入 3 滴 0.1mol·L^{-1} KNO_3 和 2 滴 20% $Na_3[Co(NO_2)_6]$，用玻璃棒摩擦试管壁，观察、记录实验现象，并写出反应方程式。

② 在点滴板上滴入 1 滴 0.1 mol·L^{-1} $FeSO_4$ 和 1 滴 0.1 mol·L^{-1} $K_3[Fe(CN)_6]$，观察、记录实验现象，并写出反应方程式。

③ 在点滴板上滴入 1 滴 0.1 mol·L^{-1} $FeCl_3$ 和 1 滴 0.1 mol·L^{-1} $K_4[Fe(CN)_6]$，观察、记录实验现象，并写出反应方程式。

3. 配位平衡的移动

（1）酸碱介质对平衡的影响

在溶液 2-1 的试管中逐滴加入 6 mol·L^{-1} HNO_3，在溶液 2-2 的试管中逐滴加入 6 mol·L^{-1} NaOH，观察实验现象，并做出解释。

（2）沉淀溶解反应对平衡的影响

① 取一支试管，加入 3 滴 0.2 mol·L^{-1} $CuSO_4$，滴加 6 mol·L^{-1} $NH_3 \cdot H_2O$ 至沉淀消失，加入 1 滴 0.1 mol·L^{-1} Na_2S。观察、记录实验现象，并写出反应方程式。

② 取一支试管，加入 1 滴 0.1 mol·L^{-1} $AgNO_3$ 和 1 滴 0.1 mol·L^{-1} NaCl，沉淀生成。滴加 6 mol·L^{-1} $NH_3 \cdot H_2O$，至沉淀全部溶解。滴加 0.1 mol·L^{-1} KBr，至沉淀生成。滴加 0.1 mol·L^{-1} $Na_2S_2O_3$ 至沉淀全部溶解。滴加 0.1 mol·L^{-1} KI，至沉淀生成。分析配位平衡与沉淀溶解平衡的关系，并比较 $K_{sp}^{\ominus}$(AgCl)、$K_{sp}^{\ominus}$(AgBr)、$K_{sp}^{\ominus}$(AgI) 的相对大小，以及 $[Ag(NH_3)_2]^+$ 和 $[Ag(S_2O_3)_2]^{3-}$ 的稳定性。

（3）氧化还原反应对平衡的影响

① 取一支试管，加入 1 滴 0.1 mol·L^{-1} $FeCl_3$ 和 3 滴 0.1mol·L^{-1} KSCN，摇匀，逐滴

加入 0.5 $mol\cdot L^{-1}$ $SnCl_2$，观察、记录实验现象，并写出反应方程式。

② 取一支离心管加入 3 滴 0.1 $mol\cdot L^{-1}$ $FeCl_3$、5 滴$(NH_4)_2C_2O_4$(饱和)、2 滴 0.1 $mol\cdot L^{-1}$ KI 和 10 滴 CCl_4，振荡。另取一支离心管，用 5 滴 H_2O 代替 $(NH_4)_2C_2O_4$(饱和)做对比实验，观察有机层颜色，并解释实验现象。

(4) 配位反应对平衡的影响

取一支试管，加入 2 滴 0.1$mol\cdot L^{-1}$ $FeCl_3$ 和 1 滴 0.1$mol\cdot L^{-1}$ KSCN，滴加 NH_4F(10%)至溶液刚刚褪色。滴加$(NH_4)_2C_2O_4$(饱和)，至溶液发生明显变化。说明配离子之间转化的条件，比较$[Fe(SCN)_6]^{3-}$、$[FeF_6]^{3-}$及$[Fe(C_2O_4)_3]^{3-}$稳定性。

(5) 稀释对平衡的影响

取一支试管，加入 5 滴 $CoCl_2$(0.1 $mol\cdot L^{-1}$)，边振荡边滴加浓盐酸，继续加水稀释至变红，再滴加浓盐酸，再加水稀释至变红，观察、记录并解释实验现象。

4. 螯合物的生成

① 取两支试管，分别加入 2 mL 自来水，向一支试管中直接滴加$(NH_4)_2C_2O_4$(饱和)，向另一支试管中先滴加 0.1 $mol\cdot L^{-1}$EDTA，后滴加$(NH_4)_2C_2O_4$(饱和)。观察对比、记录并解释实验现象。

② 取一支试管，加入 2 滴 0.2 $mol\cdot L^{-1}$$NiSO_4$ 和 2 滴 2 $mol\cdot L^{-1}$$NH_3\cdot H_2O$，再加入 2 滴丁二酮肟的乙醇溶液。观察、记录并解释实验现象。

【思考题】

1. 配合物的中心金属离子与简单金属离子有什么区别?

2. 实验中观察到 $CuSO_4$ 溶液中加入氨水后由浅蓝色变为深蓝色，最终生成$[Cu(NH_3)_4]^{2+}$。请结合配位场理论解释为什么配体更换($H_2O \rightarrow NH_3$)会导致颜色发生显著变化。

3. 解释在$[CoCl_4]^{2-}$(蓝色)与$[Co(H_2O)_6]^{2+}$(粉红色)的相互转化实验中，溶剂如何影响配位平衡。

实验 28 喷雾作画和碘钟振荡

【实验目的】

1. 培养自主查阅文献、探索实验原理、分析总结的能力。
2. 加深对配位反应的理解。
3. 加深对氧化还原反应的理解。
4. 查阅文献，了解“别洛索夫-扎鲍廷斯基”反应。
5. 巩固溶液配制、称量等基本实验操作。

【实验原理】

1. 喷雾作画

$FeCl_3$ 溶液遇到硫氰化钾溶液显血红色，遇到亚铁氰化钾溶液显蓝色，遇到铁氰化钾溶液显绿色，遇到磺基水杨酸溶液显紫色。

2. 碘钟振荡

化学反应中有一类反应由于某些自催化作用，体系中的各组分浓度随着反应进行发生周期性变化，使得反应很难达到平衡状态而呈现周期性的波动，这种现象称为化学振荡现象。这类化学振荡现象实际上化学过程十分复杂，最早发现的振荡反应是“别洛索夫-扎鲍廷斯基”反应(简称 B-Z 反应)，又名碘钟反应。

3. 茶水魔法

茶水变色是一种非常有趣的化学现象。茶水中含有鞣酸，鞣酸能与 Fe^{3+} 结合生成黑色的鞣酸铁，从而使茶水颜色变深。当加入草酸后，由于草酸具有还原性，鞣酸铁中的 Fe^{3+} 被还原成 Fe^{2+}，从而使鞣酸铁的黑色完全褪去，茶水颜色就会变浅。

【试剂与仪器】

$FeCl_3$(0.1 mol·L^{-1})，KSCN(0.1 mol·L^{-1})，磺基水杨酸(10%)，$K_3[Fe(CN)_6]$(0.1 mol·L^{-1})，$K_4[Fe(CN)_6]$(0.1 mol·L^{-1})，KIO_3(s，AR)，$CH_2(COOH)_2$(s，AR)，$MnSO_4$(s，AR)，可溶性淀粉，H_2SO_4(3 mol·L^{-1})，H_2O_2(30%)，茶叶，$H_2C_2O_4$(0.1 mol·L^{-1})，Na_2CO_3(饱和)，HCl(0.1 mol·L^{-1})。

电子天平(分度值为 0.01 g、0.0001g)，烧杯(100 mL、250 mL)，量筒(10 mL、25 mL、50 mL、100 mL)，玻璃棒，试管，毛笔，滤纸，喷雾器(25 mL)，电热板，水浴锅。

【实验内容】

1. 喷雾作画

① 根据变色原理，构思画作，用毛笔分别蘸取 KSCN 溶液、$K_3[Fe(CN)_6]$溶液、$K_4[Fe(CN)_6]$溶液、磺基水杨酸溶液在大滤纸上绘画。

② 绘画完成后，把滤纸晾干。

③ 用装有 $FeCl_3$ 溶液的喷雾器在上述滤纸上喷上 $FeCl_3$ 溶液。待滤纸晾干后画作即

完成。

2. 碘钟振荡

① 配制 A、B、C 三种溶液

A 溶液：量取 41 mL 30%的 H_2O_2 溶液，稀释至 100 mL；

B 溶液：称取 4.3 g KIO_3 固体于烧杯中，加入 4 mL 3mol·L^{-1}的 H_2SO_4 溶液，稀释至 100 mL；

C 溶液：称取 0.075 g 可溶性淀粉，用少量水调成糊状，倒入 40 mL 沸水中搅拌至澄清透明，然后加入 3.9 g $CH_2(COOH)_2$ 固体和 0.845 g $MnSO_4$ 固体，溶解完全后稀释至 250 mL。

② 在室温下量取 50 mL A 溶液于 250 mL 洁净的烧杯中，同时加入 50 mL B 溶液和 50 mL C 溶液，轻微搅拌后静置。观察溶液由无色变为琥珀色再变成蓝色的三种颜色周期性变化，直至溶液颜色不变为止。

③ 碘钟反应的温度效应：按照步骤②操作观察溶液在 40 ℃水浴中的反应现象，对比总结。

3. 茶水魔法

① 往盛有 20 mL 蒸馏水的烧杯中加入一勺茶叶后加热，泡好后倒出茶水冷却待用。

② 用滴管取少量泡好的茶水于试管中，滴加 0.1 mol·L^{-1}的 $FeCl_3$ 溶液，观察茶水颜色变化。

③ 滴加 0.1 mol·L^{-1}的 $H_2C_2O_4$ 溶液，观察溶液颜色变化。

④ 滴加饱和 Na_2CO_3 溶液，观察溶液颜色变化。

⑤ 滴加 0.1 mol·L^{-1}的 HCl 溶液，观察溶液颜色变化。

【思考题】

1. 写出喷雾作画原理的化学反应方程式。

2. 碘钟振荡实验的反应机理是什么？实质是什么？溶液的颜色为什么不能无限地发生周期性变化？其溶液最后的颜色是什么，为什么？

3. 碘钟振荡实验中如果不加丙二酸或硫酸锰，分别会产生什么现象？

4. 写出茶水魔法实验的化学反应方程式。

实验 29　纳米金的制备及性质

【实验目的】

1. 掌握一种经典的液相化学还原法（柠檬酸钠还原法）制备球形纳米金胶体的实验操作技能。

2. 观察并理解纳米金胶体独特的颜色及光学性质，初步认识其局域表面等离子体共振效应。

3. 探究电解质对纳米金胶体稳定性的影响，理解胶体稳定性的基本原理。

【实验原理】

纳米材料是指在三维空间中至少有一维处于纳米尺度(1～100 nm)的材料。由于尺寸效应、表面效应、量子尺寸效应和宏观量子隧道效应等多重因素，纳米材料通常表现出区别于块体材料的独特物理化学性质。纳米金(gold nanoparticles，AuNPs)作为典型贵金属纳米材料，凭借良好的生物相容性、显著的局域表面等离子体共振(localized surface plasmon resonance，LSPR)效应、高催化活性及易于功能化等优势，在生物医药、催化、传感分析和光电子学等领域展现出广阔应用前景。

本实验采用经典的柠檬酸钠还原法(Turkevich 法)制备纳米金。反应中，以氯金酸($HAuCl_4$)为金源，在沸水条件下，柠檬酸三钠($Na_3C_6H_5O_7$)同时充当还原剂与稳定剂，将三价金离子(Au^{3+})还原为零价金原子(Au)，并在颗粒表面形成保护层。反应方程式如下：

$$HAuCl_4+Na_3C_6H_5O_7 \longrightarrow Au+C_5H_6O_5\text{(丙酮二羧酸衍生物)}+CO_2\uparrow+NaCl+\text{其他有机副产物}$$

(注：实际机理较为复杂，涉及柠檬酸根离子的多步氧化过程，此式仅作简化示意。)

生成的 Au 原子首先成核，随后逐步生长为纳米颗粒；柠檬酸根离子吸附于颗粒表面，形成带负电荷的保护层，依靠颗粒间静电排斥力抵抗范德瓦耳斯力，从而维持胶体稳定。

纳米金最显著的特性之一是其鲜艳的颜色，这源于 LSPR 效应：当特定波长的光照射纳米金时，颗粒表面自由电子产生集体振荡；当振荡频率与入射光频率共振时，产生强吸收与散射。对粒径 15～30 nm 的球形纳米金，LSPR 吸收峰通常位于约 520 nm，即可见光区域的绿光波段，因此胶体呈宝石红或酒红色。LSPR 效应对颗粒尺寸、形状、聚集状态及周围介质的介电常数十分敏感。当颗粒聚集、间距缩小时，等离子体耦合导致吸收峰红移并伴随峰强度降低、峰形展宽，宏观表现为溶液颜色由红转紫、蓝乃至灰黑。该性质常被用于构建基于颜色变化的比色传感体系。

本实验中，通过向制备好的纳米金胶体中滴加电解质(如 NaCl 溶液)探索其稳定性。电解质会压缩颗粒表面双电层，削弱静电排斥力。当排斥力不足以抵消范德瓦耳斯力时，颗粒聚集，LSPR 峰发生变化，溶液颜色随之改变。通过观察颜色即可直观判断胶体稳定性及其对电解质的响应。

【试剂与仪器】

四水合氯金酸($HAuCl_4\cdot 4H_2O$，分析纯)，二水合柠檬酸三钠($Na_3C_6H_5O_7\cdot 2H_2O$，分析纯)，氯化钠(NaCl，分析纯)，浓盐酸(HCl，分析纯)，浓硝酸(HNO_3，分析纯)，超纯水或双蒸去离子水。

锥形瓶(100 mL或250 mL，用于合成)，烧杯(50 mL、100 mL、250 mL，若干)，量筒(10 mL、50 mL、100 mL，各1～2个)，容量瓶(50 mL或100 mL，用于配制溶液，可选)，磁力加热搅拌器，搅拌磁子，移液管(1 mL、5 mL、10 mL)或微量移液枪(10～100 μL、100～1000 μL)及配套枪头，试管，表面皿(用于覆盖锥形瓶口)，pH试纸(精密，可选)，电热鼓风干燥箱，紫外-可见分光光度计及石英比色皿(1 cm)。

【实验内容】

1. 玻璃仪器的清洗

重要提示：玻璃仪器的洁净度对纳米金的成功制备至关重要，任何微量杂质都可能影响纳米颗粒的成核、生长与稳定性。

① 将所有接触反应物的玻璃仪器(锥形瓶、烧杯、量筒、搅拌磁子等)先用洗涤剂充分刷洗，再用自来水冲净。

② 用去离子水冲洗3～5遍。

③ 可选(由教师演示或在严格指导下进行)：如遇顽固有机残留物或痕量金属离子，可将玻璃仪器浸泡于新鲜配制的王水(浓盐酸体积：浓硝酸体积=3：1)1～2 h；操作须在通风橱内完成，并佩戴全套防护用具。处理完毕后，用大量自来水彻底冲洗，再用去离子水冲洗5～7遍。

④ 将洁净玻璃仪器置电热鼓风干燥箱中，在100～120 ℃下烘干≥2 h，或自然晾干(需防尘)。反应用的锥形瓶及搅拌磁子必须保持干燥洁净。

2. 溶液的配制

(1) 氯金酸溶液

① 直接配制低浓度工作液。配制0.25 $mmol \cdot L^{-1}$ $HAuCl_4$溶液，精确称取约0.0103 g $HAuCl_4 \cdot 4H_2O$(摩尔质量≈411.85 $g \cdot mol^{-1}$)溶于100 mL超纯水中，或使用教师预先配制好的0.1 $g \cdot L^{-1}$ $HAuCl_4$溶液(约0.25 $mmol \cdot L^{-1}$)。

② 由储备液稀释。若已备10 $mmol \cdot L^{-1}$ $HAuCl_4$储备液(宜避光、4 ℃保存)，则按需要准确移取，并用超纯水稀释至目标浓度。

(2) 柠檬酸三钠溶液(10 $g \cdot L^{-1}$，约34 $mmol \cdot L^{-1}$)

精确称取1.00 g $Na_3C_6H_5O_7 \cdot 2H_2O$(摩尔质量≈294.10 $g \cdot mol^{-1}$)，溶于超纯水中并定容至100 mL。该溶液应现配现用。

(3) 氯化钠溶液(1.0 $mol \cdot L^{-1}$ NaCl)

精确称取5.844 g NaCl(摩尔质量≈58.44 $g \cdot mol^{-1}$)，溶于少量超纯水后定容至100 mL。

3. 纳米金胶体的制备

① 向洁净、干燥的100 mL(或250 mL)锥形瓶中加入50.0 mL已配制好的$HAuCl_4$工作液(如0.25 $mmol \cdot L^{-1}$)，并放入一个洁净的搅拌磁子。

② 将锥形瓶置于磁力加热搅拌器上，开启后以中等速度搅拌(避免液体溅出)并开始加热；用表面皿覆盖部分瓶口，以减少水分蒸发并防止灰尘进入。

③ 将 $HAuCl_4$ 溶液加热至剧烈沸腾(可见明显气泡翻滚)。

④ 溶液沸腾后，迅速加入适量柠檬酸三钠溶液(例如，50 mL 0.25 $mmol \cdot L^{-1}$ $HAuCl_4$ 溶液对应加入 1.0～2.0 mL 10 $g \cdot L^{-1}$ $Na_3C_6H_5O_7$ 溶液，具体用量可通过预实验调整，以获得最佳粒径和颜色)，加入过程中保持溶液持续沸腾并不断搅拌。

⑤ 仔细观察并记录溶液颜色变化：溶液通常按淡黄色→无色/浅灰色→蓝紫色/深紫色→宝石红色/酒红色的顺序转变，整个过程可能持续数分钟至十余分钟。

⑥ 当颜色稳定为红色后，继续保持沸腾并搅拌 10～15 min，以确保反应充分，纳米颗粒生长均匀且稳定。

⑦ 反应结束后停止加热，但继续搅拌，直至溶液自然冷却至室温。

⑧ 将所得纳米金胶体转移至洁净的棕色或无色玻璃瓶，旋紧瓶盖，贴上标签(注明品名、制备日期、制备者)，室温下避光保存备用。

4. 电解质对纳米稳定性影响

取 5 支试管，加入 2 mL 纳米金胶体溶液，分别加入 1 $mol \cdot L^{-1}$ 的 NaCl 溶液 0、1、3、5 和 10 滴，观察并记录实验现象。

【数据记录】

1. 试剂配制记录

(1) $HAuCl_4 \cdot 4H_2O$

称量质量：_____ g，配制体积：_____ mL，计算浓度：_____ $mmol \cdot L^{-1}$(或 $g \cdot L^{-1}$)

(2) $Na_3C_6H_5O_7 \cdot 2H_2O$

称量质量：_____ g，配制体积：_____ mL，计算浓度：_____ $mmol \cdot L^{-1}$(或 $g \cdot L^{-1}$)

(3) NaCl

称量质量：_____ g，配制体积：_____ mL，计算浓度：_____ $mol \cdot L^{-1}$

2. 纳米金制备过程观察记录

观察项目	记录内容
$HAuCl_4$ 溶液初始颜色	_______
加入柠檬酸三钠后的颜色随时间变化	
_____ min _____ s	_______色
_____ min _____ s	_______色
_____ min _____ s	_______色(最终稳定颜色)
最终宏观颜色与澄清度	_______

3. 纳米金性质观察与表征

丁达尔效应：______ (是/否，现象描述)

紫外-可见吸收光谱 (若测定)：

最大吸收波长 λ_{max}：_______ nm

对应吸光度 A：_______

4. 电解质对纳米金胶体稳定性影响的观察记录

将实验观察到的现象记录在表 3-15 中。

表 3-15 实验现象观察记录

试管编号	加入纳米金胶体体积/mL	加入 1.0 $mol \cdot L^{-1}$ NaCl 体积/滴（mL）	混合后即时颜色	静置 5 min 的颜色	备注（是否出现沉淀等）
1	2.0	0	红色	红色	对照
2	2.0	1（0.05）	______	______	______
3	2.0	3（0.15）	______	______	______
4	2.0	5（0.25）	______	______	______
5	2.0	10（0.50）	______	______	______

颜色变化趋势说明：请描述颜色变化的总体趋势，并指出约在多少 NaCl 用量下出现显著转色（例如红转紫的临界点）。

λ_{max} 变化说明(若测定)：建议记录不同 NaCl 用量下样品 λ_{max} 的变化，并与颜色变化进行关联分析。

【注意事项】

1. 安全第一：实验全程须佩戴护目镜，穿上实验服，处理化学试剂时应戴合适的手套。
2. 玻璃仪器须洁净：重复强调，洁净的玻璃仪器是实验成功的关键，任何油污或离子残留都可能导致实验失败或结果异常。
3. 试剂纯度与用水：实验用水必须是高质量的超纯水或双蒸去离子水；试剂应选用分析纯或更高纯度。
4. 加热与搅拌：加热 $HAuCl_4$ 溶液时应确保搅拌均匀，防止暴沸；加入柠檬酸三钠时，必须在溶液剧烈沸腾条件下快速加入并持续搅拌。
5. 准确观察：仔细观察并准确记录颜色变化是本实验的重要环节。
6. 废液处理：含有纳米金的废液及其他化学废液应收集于指定废液桶中，不得随意倒入下水道，可在教师指导下考虑回收纳米金。
7. 王水使用(若涉及)：王水具有强腐蚀性和氧化性，配制与使用必须在通风橱内由教师指导或操作，学生应充分了解其危险性并做好个人防护，残留王水须小心处理。

【思考题】

1. 在本实验中，柠檬酸三钠扮演了哪些角色？请分别简述其作用机理。
2. 请用局域表面等离子体共振(LSPR)的原理解释为什么纳米金胶体呈现出特征性的红色，以及当加入 NaCl 溶液后，为何溶液颜色会向紫色或蓝色转变(提示：考虑 LSPR 峰如何移动)。
3. 除了本实验中观察到的颜色(光学性质)外，纳米金还具有哪些其他重要性质？试列举两例并简述其应用潜力。
4. 影响纳米金尺寸和形貌的因素有哪些？如果想要制备更大或更小尺寸的纳米金，可以尝试调整哪些实验参数？
5. 如何通过简单的方法初步判断所制备的产物是纳米金胶体而不是普通氯金酸溶液或金的宏观沉淀？

实验 30 Fenton 反应降解水中有机污染物

【实验目的】

1. 练习 pH 计的使用方法。
2. 了解 Fenton 反应的基本原理和影响因素。

【实验原理】

Fenton 反应是广泛应用于水环境污染物处理的无机化学反应，1893 年由化学家 H. J. H. Fenton 发现。作为一种“环境友好”的高级氧化技术，它被越来越多地用于修复持久性有机污染物造成的土壤或水体污染。Fenton 反应主要是以羟基自由基(·OH)等为活性物种进行氧化，·OH 是强氧化剂，氧化还原电位为 2.8 V，可以与很多物质以近似扩散速度控制的反应速率发生反应。在水溶液中羟基自由基攻击大部分有机污染物分子，其反应速率常数通常为 $10^6 \sim 10^9\ L \cdot mol^{-1}\ s^{-1}$，由羟基自由基引发一系列氧化反应，使农药、多环芳烃、多氯联苯和染料等污染物降解，生成完全矿化产物。Fenton 反应方程式如下：

$$Fe^{2+} + H_2O_2 \longrightarrow Fe^{3+} + \cdot OH + OH^-$$

$$Fe^{3+} + H_2O_2 \longrightarrow Fe^{2+} + \cdot OOH + H^+$$

Fenton 反应的主要影响因素包括溶液的 pH、停留时间、温度、过氧化氢及 Fe^{2+} 的浓度。限制因素例如过氧化氢的利用率较低，处理成本较高；亚铁离子容易流失，影响出水色度，需要后续脱色处理；pH 使用范围较窄，经常需要调节废水的 pH 值，增加处理成本。因此对 Fenton 反应的改进也是环境化学研究领域的热点。

【试剂与仪器】

NaOH(0.1 mol·L^{-1})，$FeSO_4 \cdot 7\ H_2O$(2 mmol·L^{-1})，孔雀绿染料(1 mmol·L^{-1})，H_2O_2(0.01 mol·L^{-1})。

pH 计，100 mL 烧杯，50 mL 量筒，滴管。

【实验内容】

1. Fenton 试剂降解染料污染物

量取 50 mL 蒸馏水，置于 100 mL 烧杯中，加入 2 mmol·L^{-1} $FeSO_4 \cdot 7\ H_2O$ 10 滴，测量 pH(pH 计使用前须先进行校准)。加入 1 mmol·L^{-1}孔雀绿染料 10 滴，搅拌均匀，加入 0.01 mol·L^{-1} H_2O_2 4 滴，开始计时，颜色褪至 80%时停止计时(目视比色)。

2. pH 对 Fenton 反应的影响

取两个 100 mL 烧杯，量取 50 mL 蒸馏水 2 份，分别置于烧杯中，加入 2 mmol·L^{-1} $FeSO_4 \cdot 7\ H_2O$ 10 滴，分别加入 1 mL 和 2 mL 0.1 mol·L^{-1}NaOH，测 pH，加入双氧水和孔雀绿染料，记录颜色褪去时间，比较并得出结论。

3. 双氧水浓度对 Fenton 反应的影响

取两个 100 mL 烧杯，量取 50 mL 蒸馏水 2 份，分别置于烧杯中，加入 2 mmol·L^{-1}

$FeSO_4 \cdot 7H_2O$ 10 滴，加入孔雀绿染料，分别加入 2 滴和 8 滴双氧水，记录颜色褪去时间，比较并得出结论。

【思考题】

1. pH 为什么会对 Fenton 反应产生影响？

2. 通过查阅文献，了解 Fenton 反应的研究进展，举例说明研究方法改进的原理以及达到的效果。

实验 31　层状双氢氧化物（LDH）的简易制备、插层改性及阴离子吸附性能初步探究

【实验目的】

1. 了解层状双氢氧化物(LDH)的基本结构、组成特点及主要性质。

2. 初步掌握利用共沉淀法制备镁铝碳酸根型层状双氢氧化物($MgAl\text{-}CO_3^{2-}\text{-}LDH$)的实验操作技能。

3. 学习通过阴离子交换法对 LDH 进行功能化改性，尝试制备镁铝指示剂型层状双氢氧化物(MgAl-指示剂-LDH)。

4. 通过定性或半定量观察，初步探究 LDH 材料对水中常见阴离子的吸附性能，并理解其颜色指示的潜力。

5. 拓展对 LDH 材料在环境污染物吸附及简易传感领域潜在应用的认识。

【实验原理】

层状双金属氢氧化物(layered double hydroxides，LDH)，简称层状双氢氧化物，亦称水滑石类化合物或阴离子黏土，是一类具有独特二维层状结构的无机功能材料。其化学通式通常表示为$[M_{1-x}^{2+}M_x^{3+}(OH)_2]^{x+}(A^{n-})_{x/n}\cdot mH_2O$，其中 M^{2+} 代表二价金属阳离子(如 Mg^{2+}、Zn^{2+}、Ni^{2+} 等)，M^{3+} 代表三价金属阳离子(如 Al^{3+}、Fe^{3+}、Cr^{3+} 等)。由于晶格中部分二价金属阳离子被三价金属阳离子同晶取代，LDH 的金属氢氧化物层板带有净正电荷。为了维持整个体系的电中性，层间的区域会填充可交换的阴离子(A^{n-}，如 CO_3^{2-}、Cl^-、NO_3^- 等)以及水分子。变量 x 通常为 $M^{3+}/(M^{2+}+M^{3+})$的物质的量的比值，一般在 0.2 至 0.33 之间。

LDH 最显著的特性之一是其层间阴离子的可交换性。这一特性使得可以通过简便的离子交换方法，将各种具有特定功能的阴离子（例如，有机染料分子、药物分子、特定催化活性或传感活性的无机或有机阴离子等）引入到 LDH 的层间区域，从而对 LDH 材料进行功能化修饰，赋予其新的或增强的物理化学性质。

本实验首先采用经典的共沉淀法(co-precipitation)制备以碳酸根离子为层间阴离子的镁铝水滑石($MgAl\text{-}CO_3^{2-}\text{-}LDH$)。该方法的基本原理是：将含有特定比例 Mg^{2+} 和 Al^{3+} 的混合盐溶液，在精确控制的 pH 条件下，滴加到含有过量 CO_3^{2-} 和碱性物质(如 NaOH)的溶液中。此时，镁和铝的氢氧化物会发生共沉淀，并自发组装形成带正电荷的层状结构，同时 CO_3^{2-} 作为平衡电荷的阴离子被捕获并嵌入到层间。

随后，利用所制备的 $MgAl\text{-}CO_3^{2-}\text{-}LDH$ 作为前驱体，通过阴离子交换法，尝试将一种常见的阴离子型酸碱指示剂(例如甲基橙或溴酚蓝)插入到 LDH 的层间，形成 MgAl-指示剂-LDH。在此过程中，目标指示剂阴离子凭借其浓度梯度或对层板的亲和力，逐步取代原先存在于层间的 CO_3^{2-}。

最后，初步探究制备得到的 $MgAl\text{-}CO_3^{2-}\text{-}LDH$ 或功能化的 MgAl-指示剂-LDH 对水中常见阴离子污染物(本实验中以磷酸盐或硝酸盐为例)的吸附性能。LDH 层板固有的正电性

使其能够通过静电引力吸附水中的阴离子。若使用 MgAl-指示剂-LDH，当目标阴离子被吸附至 LDH 表面或层间，或者与层间指示剂发生相互作用(如竞争吸附、改变微环境 pH 等)时，可能会导致指示剂分子的电子结构发生改变，进而引起其宏观颜色的变化。这种颜色变化为定性判断乃至半定量估测 LDH 对特定阴离子的吸附或响应提供了简便直观的手段。

本实验的核心目的是通过相对简单、安全的合成与改性步骤，使学生能够直观地观察 LDH 材料的结构特点，理解层间化学的可调控性，并初步认识其在阴离子吸附及传感领域的潜在应用方面的原理和现象。

【试剂与仪器】

$MgCl_2 \cdot 6H_2O$(分析纯)，$Al(NO_3)_3 \cdot 9H_2O$(分析纯)，$AlCl_3 \cdot 6H_2O$(分析纯)，Na_2CO_3(分析纯)，NaOH(分析纯)，HCl(分析纯，用于最终调节 pH 或清洗)，甲基橙(methyl orange)溶液(1g·L^{-1} 水溶液)或溴酚蓝(bromophenol blue)溶液(1 g·L^{-1} 水溶液)，KH_2PO_4(分析纯，模拟磷酸盐污染物)或 $NaNO_3$(分析纯，模拟硝酸盐污染物)，无水乙醇(分析纯)，去离子水。

磁力搅拌器(带加热功能者为佳，或另配水浴锅)，烧杯(50 mL、100 mL、250 mL 各若干)，量筒(10 mL、50 mL、100 mL 各 1～2 个)，滴定管(50 mL)，移液管(不同规格)，pH 计(精度 0.01)或精密 pH 试纸(0.5 pH 单位或更小)，布氏漏斗及配套抽滤瓶、循环水式真空泵(或油泵)，化学分析用滤纸(定性快/中/慢速，依据沉淀情况选择)，电热鼓风干燥箱(控温范围室温～150 ℃)，玛瑙研钵和研杵(一套)，离心管(10 mL 或 50 mL)，比色管(10 mL 或 25 mL)或小试管(若干，用于观察颜色变化)，药匙，玻璃棒，洗瓶，紫外-可见分光光度计(可选，用于定量分析)。

【实验内容】

1. MgAl-CO_3^{2-}-LDH 的制备（共沉淀法）

(1) 溶液 A：混合金属盐溶液的配制

准确称取 $MgCl_2 \cdot 6H_2O$ 约 0.04 mol(例如 8.13 g)和 $Al(NO_3)_3 \cdot 9H_2O$ 约 0.02 mol（例如 7.50 g)，确保 Mg^{2+} 和 Al^{3+} 物质的量之比为 2∶1(可在 2∶1 至 4∶1 范围内调整，并记录实际比例)。将两者共溶于 50 mL 去离子水中，磁力搅拌至完全溶解，得到澄清溶液。

(2) 溶液 B：碱性碳酸盐溶液的配制

准确称取 Na_2CO_3 约 0.03 mol(约 3.18 g)和 NaOH 约 0.16 mol(约 6.4 g，需保证完全沉淀金属离子并维持反应 pH)，共溶于 100 mL 去离子水中，磁力搅拌至完全溶解。

(3) 共沉淀反应

在 250 mL 烧杯中加入溶液 B，并放在磁力搅拌器上剧烈搅拌，用滴定管或恒压滴液漏斗将溶液 A 以 1～2 mL·min^{-1} 缓慢滴加入溶液 B。滴加过程中用校准后的 pH 计实时监测 pH，并视需要滴加额外 NaOH(1 mol·L^{-1} 或 2 mol·L^{-1})以维持 pH＝9.5±0.5(或教师指定的 9～10)。全部滴加完毕后所得白色悬浊液继续在室温(或 60～80 ℃水浴)剧烈搅拌老化 2～4 h(亦可加盖静置过夜)。

(4) 产物分离与纯化

将老化后的悬浊液经布氏漏斗抽滤，收集白色滤饼。用去离子水多次洗涤，每次将滤饼搅成悬浊状再抽滤，直至滤液 pH≈7(用精密 pH 试纸检测最后几滴洗涤液)。

(5) 干燥与研磨

将洗涤干净的滤饼转移至洁净培养皿或称量纸上，于电热鼓风干燥箱中在 70 ℃±10 ℃下干燥 6～8 h 或至恒重。取出完全干燥的白色固体，用玛瑙研钵轻研成细腻均匀粉末，即得 MgAl-CO_3^{2-}-LDH。称重，记录产率，装入洁净干燥样品瓶密封保存备用。

2. MgAl-指示剂-LDH 的制备(阴离子交换法，以甲基橙为例)

(1) 投料与分散

准确称取约 0.5 g 上述制备的 MgAl-CO_3^{2-}-LDH 粉末，加入盛有 50 mL 甲基橙指示剂溶液(质量浓度为 50～100 mg·L^{-1}，可按颜色深浅与预期交换程度调整；溶液应呈橙黄色，且 pH 已确保甲基橙处于阴离子状态)的烧杯中。

(2) 离子交换

将混合物置于磁力搅拌器上，于室温下避光(部分指示剂光敏)搅拌 2～6 h(亦可过夜以促进充分交换)，搅拌期间注意观察固体与上清液颜色变化。

(3) 分离与洗涤

反应结束后，采用抽滤(或 4000 r·min^{-1}、10 min 高速离心)分离固体。观察滤液颜色是否明显变浅，以及固体是否呈指示剂特征色(甲基橙插入层间后通常显橙或红色)。用少量去离子水快速洗涤固体 2～3 次，以除去表面物理吸附的杂质，但避免洗脱已交换指示剂。

(4) 干燥与粉碎

将有色固体置于 60 ℃烘箱干燥至恒重，取出轻研，得 MgAl-甲基橙-LDH 粉末，记录颜色及形貌。

3. LDH 对阴离子吸附性能的初步探究(以磷酸盐为例)

(1) 标准溶液制备

以 KH_2PO_4 配制 1000 mg·L^{-1} PO_4^{3-} 储备液，再稀释成 20 mg·L^{-1}工作液。

(2) 空白对照组

于洁净比色管（或小试管）中精确加入 5.0 mL 工作液。

(3) MgAl-CO_3^{2-}-LDH 吸附组

于另一比色管中加入 5.0 mL 同一工作液，随后准确加入 0.02～0.05 g(记录精确值) MgAl-CO_3^{2-}-LDH 粉末。

(4) MgAl-指示剂-LDH 吸附组(可选)

若已制得 MgAl-指示剂-LDH，另取比色管加 5.0 mL 工作液，并加入与(3)组等量的 MgAl-指示剂-LDH 粉末。

(5) 振荡反应

用橡胶塞封口，混合数秒后置摇床振荡，或每 10 min 手动颠倒混匀，反应 0.5～1 h(或按教师指定时间)。

(6) 结果观察与记录

反应终止后静置，待固体沉降。

MgAl-CO_3^{2-}-LDH 组：与空白对照组比较，上清液澄清度是否变化，是否出现新沉淀(如磷酸铝、磷酸镁等难溶盐)。

MgAl-指示剂-LDH 组：将固体颜色与未接触磷酸盐的 MgAl-指示剂-LDH(取少量与去离子水混合作参照) 对照，判断颜色是否明显改变，同时观察上清液色泽与空白对照组或初始指示剂溶液是否有差异。

若条件允许，将各吸附组上清液倾析或用注射器吸取，经 0.45 μm 滤膜过滤后，用紫外-可见分光光度计按磷钼蓝法测定残余 PO_4^{3-} 浓度。根据初始浓度 c_0 与平衡浓度 c_e 计算去除率：

$$去除率(\%)=\frac{(c_0-c_e)}{c_0}\times 100\%$$

式中，c_0 表示初始浓度；c_e 表示平衡浓度。

【数据记录】

1. MgAl-CO_3^{2-} -LDH 制备记录

$MgCl_2 \cdot 6H_2O$ 称量值：________ g，物质的量：________ mol

Al $(NO_3)_3 \cdot 9H_2O$ 或 $AlCl_3 \cdot 6H_2O$ 称量值：________ g，物质的量：________ mol

实际 Mg^{2+} 和 Al^{3+} 物质的量的比：________ ：________

Na_2CO_3 称量值：________ g，NaOH(用于溶液 B)称量值：________ g

反应过程 pH 控制范围：________，老化条件(温度、时间)：________

MgAl-CO_3^{2-}-LDH 产物外观(颜色、状态)：________，干燥后质量：________ g

计算理论产量：________ g，实际产率：________%

2. MgAl-指示剂-LDH 制备记录

所用 MgAl-CO_3^{2-}-LDH 质量：________ g

指示剂名称：________，溶液浓度：________ $mg \cdot L^{-1}$，体积：________ mL

固体颜色变化：从________→________

上清液颜色变化：从________→________

MgAl-指示剂-LDH 产物外观(颜色、状态)：________

3. 阴离子吸附实验观察记录

将实验观察到的现象记录在表 3-16 中。

表 3-16　LDH 对磷酸盐(PO_4^{3-})的吸附现象观察记录

组别	初始溶液外观(颜色/澄清度)	加入吸附剂后即时现象(颜色/分散情况)	振荡反应后上清液外观(颜色/澄清度/沉淀)	振荡反应后固相 LDH 外观(颜色/形态)	对磷酸盐吸附的初步结论(有/无明显吸附,颜色变化指示)
空白对照组(PO_4^{3-} 溶液)					
MgAl-CO_3^{2-}-LDH+PO_4^{3-}					
MgAl-指示剂-LDH+PO_4^{3-}					
MgAl-指示剂-LDH+H_2O(MgAl-指示剂-LDH 自身颜色对照,可选)	(固体+水)				

【注意事项】

1. 配制和使用 NaOH 等强碱溶液时，务必穿好实验服，佩戴防护眼镜和耐腐蚀手套。

称量 NaOH 固体应迅速完成以防潮解。若不慎接触皮肤或眼睛，应立即用大量流动清水冲洗至少 15min，并及时报告教师。

2. 共沉淀法制备 LDH 过程中，pH 对产物的纯度、晶型与粒径至关重要。应使用校准后的 pH 计，在滴加过程中实时监测并微调。

3. 产物必须彻底洗涤，以去除残留可溶盐(如 NaCl、$NaNO_3$、未反应 Na_2CO_3 等)，否则将影响产物纯度及后续实验。

4. 干燥温度不宜超过 100℃，对 MgAl-CO_3^{2-}-LDH，70～80℃为宜。温度过高可能导致层间水流失、层板羟基脱水乃至结构破坏，LDH 转变为混合金属氧化物(LDO)。

5. 阴离子交换相对缓慢，应保证充足反应时间以提高交换效率。

6. 探究吸附性能时，各组实验条件(溶液体积、吸附剂用量、振荡时间、温度等)须保持一致，方可比较。

7. 所有含指示剂、金属离子或模拟污染物的废液，必须按实验室规定分类收集至指定废液桶，严禁直接排入下水道。

【思考题】

1. 在 MgAl-CO_3^{2-}-LDH 制备过程中，为何必须严格控制反应 pH？当 pH 过低(如＜7)或过高(如＞11)时，分别会对 LDH 的生成造成哪些不利影响？

2. 说明 MgAl-CO_3^{2-}-LDH 与甲基橙(或其他指示剂)阴离子发生离子交换的基本原理。鉴于 CO_3^{2-} 层间亲和力较强，分析甲基橙交换 CO_3^{2-} 可能面临的困难，并提出可行的实验条件以促进交换。

3. 结合实验观察，初步分析 LDH 材料(MgAl-CO_3^{2-}-LDH 或 MgAl-指示剂-LDH)对磷酸盐的可能吸附机理，至少列举两种并简述之。(提示：静电吸引、层间阴离子交换、表面沉淀形成、氢键作用等)

4. 除肉眼观察颜色与形态外，哪些现代分析技术可进一步表征所得材料，以确认其具备 LDH 结构并验证指示剂成功插入层间？请至少列举两种，并简述它们可提供的信息。

5. 基于本实验中 MgAl-指示剂-LDH 对磷酸盐响应的结果(若观察到颜色变化)，设想该材料能否用于检测其他阴离子或阳离子。请提出一个具体目标分析物，并简要阐述实验设计思路或预期响应原理。

实验 32 生物炭对土壤酸碱性改良实验

【实验目的】

1. 了解生物炭的基本概念、主要来源及其在无机化学视角下的重要性质。

2. 初步掌握研究常见生物炭(或市售生物炭)对土壤 pH 值影响的规范实验方法。

3. 理解生物炭改良土壤酸碱性的基本化学原理，特别是其无机组分(灰分)和表面官能团的贡献。

4. 熟练掌握 pH 计的精确校准与规范使用，以及实验数据的科学分析与表达方法。

5. 培养严谨的科学探究精神、环境保护意识以及对农业废弃物资源化利用的创新思考。

【实验原理】

生物炭(biochar)通常指生物质(如农林废弃物、动植物残体等)在限氧(或无氧)条件下经高温(通常>300℃)热解产生的一类富含碳、具有高度芳香化结构和丰富孔隙特征的固体材料。生物炭不仅比表面积大、孔隙结构发达，还含有多种表面官能团(如羧基、羟基、酚羟基等)以及重要的无机组分灰分。灰分中富含钾、钙、镁、磷等元素的氧化物，碳酸盐或磷酸盐。这些独特的物理化学特性使得生物炭在土壤改良、污染修复和碳封存等领域具有广泛的应用前景。

土壤的酸碱性(以 pH 值表征)是决定土壤化学环境、养分形态与有效性、微生物群落结构与活性及植物生长状况的核心参数。极端 pH 条件(过酸或过碱)均会显著抑制多数作物的正常生长。生物炭施入土壤后，可通过以下几种主要机制影响土壤的 pH 值：

① 灰分效应(ash effect)。生物炭中的灰分是影响土壤 pH 值的关键。这些灰分通常含有碱性金属阳离子(如 K^+、Ca^{2+}、Mg^{2+}) 的碳酸盐(如 $CaCO_3$)、氧化物(如 CaO，K_2O)或氢氧化物[在水分存在下由氧化物转化而来，如 $Ca(OH)_2$]。这些无机化合物在土壤中与水接触后，会发生水解反应，消耗土壤溶液中的质子(H^+)或直接释放氢氧根离子(OH^-)，从而有效提高酸性土壤的 pH 值。此效应在化学原理上与施用石灰(主要成分为 $CaCO_3$ 或 CaO)改良酸性土壤类似。相关化学反应如下：

$$CaCO_3(s)+2H^+(aq) \longrightarrow Ca^{2+}(aq)+H_2O(l)+CO_2(g)$$

$$CaO(s)+H_2O(l) \longrightarrow Ca(OH)_2(s)$$

$$Ca(OH)_2(s) \rightleftharpoons Ca^{2+}(aq)+2OH^-(aq)$$

② 表面官能团的质子交换。生物炭表面存在多种含氧官能团，如羧基(—COOH)、酚羟基(—ArOH)等。这些官能团具有酸的特性，在不同 pH 条件下可以发生去质子化(释放 H^+)或质子化(结合 H^+)反应。例如，$—COOH \rightleftharpoons —COO^- + H^+$。生物炭表面也可能存在一些含氮官能团或不饱和碳结构形成的碱性位点，它们可以接受质子。这些官能团的种类、数量及酸解离常数(K_a)受到生物炭制备原料及热解工艺(尤其是温度)的显著影响。在特定的土壤 pH 环境中，这些官能团的质子转移行为会直接参与调控土壤溶液的酸碱平衡，并赋予生物炭体系一定的 pH 缓冲能力。

③ 吸附作用。生物炭因其高度发达的孔隙结构和巨大的比表面积，表现出良好的吸附

性能。它可以物理或化学吸附土壤溶液中的 H^+ 或 OH^-。此外，生物炭还能吸附土壤中其他与酸碱性密切相关的金属阳离子，如致酸离子 Al^{3+}。Al^{3+} 在土壤中强烈水解产生 H^+ ($Al^{3+} + H_2O \rightleftharpoons Al(OH)^{2+} + H^+$)，生物炭对 Al^{3+} 的吸附可以间接降低土壤酸度。

普遍而言，由木本植物或农作物秸秆在较高温度（如>500℃）下热解得到的生物炭，因其灰分含量相对较高且组分偏碱性，施入酸性土壤后通常能显著提高土壤 pH 值，起到类似石灰的改良效果。然而，值得注意的是，部分特殊原料（如富含硫的生物质、动物粪便在特定条件下热解的产物）产生的或经特定化学改性的（如酸处理）生物炭，以及一些低温（<400℃）热解产物（可能保留较多酸性官能团且灰分转化不完全），其自身 pH 可能呈酸性或中性，对土壤 pH 的影响也会有所不同。

本实验旨在通过设计并实施规范的土壤培养实验，探究一种或几种常见易得的生物炭对已知酸性土壤（或模拟酸性土壤）pH 值的改良效果及其剂量效应。通过精确测定 pH 值的变化，学生可以直观认识生物炭调控土壤酸碱性的要点，并深化对相关无机化学原理的理解。

【试剂与仪器】

生物炭：市售植物源生物炭（如木炭粉、竹炭粉，应尽量明确原料来源、热解温度范围及自身 pH 值），或由指导教师统一制备。取常见农业废弃物（如稻壳、玉米秸秆），在马弗炉中于限氧条件下以 500～600 ℃保温 1～2 h 热解制得。为增强探究性与对比性，建议准备两种不同来源或不同 pH 特性的生物炭（标记为生物炭 A、B）。

土壤样品：对于酸性土壤，可购买标准酸性土壤基质；或采集本地代表性酸性土壤（使用前测定并记录初始 pH，确保 pH<6.0）；或人工配制模拟酸性土壤，在近中性园土/培养土中，少量多次加入泥炭土、腐殖酸粉末，或极微量 $0.1mol\cdot L^{-1}$ H_2SO_4 溶液，充分混匀并监测 pH 值，调至 4.5～5.5，静置平衡时间≥48 h 后使用。中性或微碱性土壤（可选，用于对比或缓冲能力探究）。

pH 标准缓冲溶液：pH＝4.00、pH＝6.86（或 7.00）、pH＝9.18（用于 pH 计校准）。去离子水或蒸馏水。$0.01\ mol\cdot L^{-1}$ HCl 标准溶液、$0.01\ mol\cdot L^{-1}$ NaOH 标准溶液（可选，用于缓冲性能测试）。

玻璃试管，橡皮塞，量筒（5 mL），橡皮管，长颈漏斗，电子天平（感量为 0.01 g），精密 pH 计（配 pH 复合电极，精度 0.01 pH 单位），烧杯（50 mL、100 mL、250 mL，各若干），玻璃棒，量筒（50 mL、100 mL，各若干），培养皿或洁净小塑料盆（容积为 200～500 mL，若干），药匙，一套研钵与研杵（用于研磨生物炭或土壤，可选），电热恒温鼓风干燥箱（用于干燥土壤，可选），标准筛（孔径为 2 mm，用于筛选土壤），磁力搅拌器（可选，用于缓冲性能测试），滴定管（25 mL 或 50 mL，可选，用于缓冲性能测试）。

【实验内容】

1. 土壤样品的准备与初始 pH 测定

（1）预处理

田间采集的土壤应先在室内避光自然风干（或置于<40℃烘箱中烘干），然后仔细剔除石块、植物残根及其他可见杂物。将干燥土壤用研钵适度研磨后全部通过 2 mm 孔径标准筛，充分混匀备用。人工配制或购买的土壤，须确保在使用前已混合均匀并完成化学平衡（至少稳定 24～48 h）。

（2） pH 测定体系制备

精确称取过筛（或配制完毕）的土壤样品 20.00 g，置于洁净 50 mL 烧杯中。准确加入 40.0 mL 去离子水，使土壤质量与水体积之比保持 1∶2（例如 $m_{soil}/V_{water}=20g/40\ mL$）。

（3） 混匀与静置

用洁净玻璃棒充分搅拌 5 min，使土壤颗粒完全润湿并形成均匀悬浊液。随后用保鲜膜覆盖烧杯（防止水分蒸发和灰尘落入），静置 30 min，使固液两相充分作用并促使悬浮颗粒部分沉降。

（4） pH 计校准与读数

测试前须按照仪器说明书，用 pH=4.00、pH=6.86（或 7.00）、pH=9.18 三种标准缓冲溶液对 pH 计进行精确校准。校准后，将电极轻插入步骤（3）所得悬浊体系：若上清液澄清，则插至其液面处；若仍浑浊，则插至中层（避免触及底部沉淀）。待读数稳定后记录 pH 值。每个土壤样品需单独制备 3 份悬浊液进行平行测定，计算并记录平均值，即为该土壤的初始 pH 值。

2. 生物炭的准备与初始 pH 测定

（1） 颗粒处理

若生物炭颗粒较大或粒径分布不均，可用研钵轻研，使其通过较细筛网[0.25 mm（约 60 目）]，以增大反应表面积并确保后续混合均匀。

（2） pH 测定

按照步骤 1.（2）～1.（4）的方法，精确称取 2.00 g 研磨过筛后的生物炭于 50 mL 烧杯中，加入 20.0 mL 去离子水，使生物炭质量与水体积之比为 1∶10。充分搅拌 5 min，静置 30 min 后，用已校准的 pH 计测定悬浊液 pH。平行测定 3 次，取平均值，即为生物炭的初始 pH 值。

3. 土壤与生物炭的混合培养实验

（1） 实验分组设计

以酸性土壤为基质，针对每种生物炭（如生物炭 A）设 4 个梯度：

组别	处理方案（以 100 g 干土计）	生物炭添加比例/%
CK	100.00 g 酸性土壤+0.00 g 生物炭	0
T1	100.00 g 酸性土壤+1.00 g 生物炭	1
T2	100.00 g 酸性土壤+3.00 g 生物炭	3
T3	100.00 g 酸性土壤+5.00 g 生物炭	5

（2） 样品制备与混合

将称量好的土壤与对应质量的生物炭分别倒入相应编号的培养皿或小塑料盆，使用洁净药匙或玻璃棒仔细混匀，保证宏观均匀。每个处理方案设置 2 个以上（优选 3 个）平行实验。

（3） 水分调节与培养条件

向各样品中缓慢、分次加入去离子水并不断搅拌，使含水量达田间持水量的 60%～70%。经验判据：手握成团、轻触即散，手感不黏且无游离水。记录每份样品实际加水体积，确保各处理方案及平行实验样品间初始含水量一致。

（4） 培养过程

用带微孔的保鲜膜覆盖培养容器（或在膜上针刺小孔），或将样品置于带盖湿润培养盒内，以减少蒸发并保持透气。将样品置于 20～25 ℃、避光环境静置培养 7～10 d。其间每 2～3 d 检测水分并视需要均匀喷洒去离子水，维持水分恒定。

【数据记录】

将实验测定的 pH 值记录在表 3-17、表 3-18 相应位置中。

表 3-17　土壤及生物炭样品初始 pH 值测定记录

样品识别	平行测定	称样量/g	加水量/mL	pH 计读数	平均 pH±SD
酸性土壤(初始)	1	20.00	40.0		
	2	20.00	40.0		
	3	20.00	40.0		
生物炭 A(初始)	1	2.00	20.0		
	2	2.00	20.0		
	3	2.00	20.0		
生物炭 B(初始)	…	…	…	…	

表 3-18　不同处理条件下培养后土壤 pH 值测定记录（以生物炭 A 为例）

组别		生物炭添加比例/%	平行测定	培养后土壤称样量/g	加水量/mL	pH 计读数	平均 pH±SD
对照组	CK(对照)	0	1	20.00	40.0		
			2	20.00	40.0		
			3	20.00	40.0		
处理组	T1	1	1	20.00	40.0		
			2	20.00	40.0		
			3	20.00	40.0		
	T2	3	…	…	…	…	
	T3	5	…	…	…	…	

若使用生物炭 B，请参照上述格式另建一套数据表。

数据处理、结果分析与呈现如下所述。

① 对所有平行测定的 pH 数据，计算其平均值(mean value)和标准偏差(standard deviation，SD)，以评估数据的精密度与可靠性。

② pH 变化量计算

a. ΔpH(绝对)＝某处理组培养后土壤平均 pH－酸性土壤初始平均 pH。此值反映生物炭与培养过程共同引起的 pH 绝对变化。

b. ΔpH(相对于对照组)＝某处理组培养后土壤平均 pH－CK 对照组培养后土壤平均 pH。此值更直接地反映在相同培养条件下，添加生物炭与未添加生物炭对照产生的净效应。

③ 图表制作：以生物炭添加比例(0 %，1 %，3 %，5 %)为横坐标，对应的培养后土壤平均 pH 值为纵坐标，绘制柱状图或折线图，并在图中添加误差棒(error bars)，代表 SD 或标准误差(standard error，SE，$SE=SD/\sqrt{n}$，n 为平行测定数)。

若使用两种不同生物炭，可在同一图中采用不同颜色或符号系列，以便比较其效果。

图表应包含清晰的标题、坐标轴标签(含单位)和图例。

④ 可选：若进行了 pH 缓冲性能测试(滴定实验)，则以滴加酸(或碱)标准溶液的累计体积为横坐标，对应的土壤悬浊液 pH 值为纵坐标，为对照组和生物炭处理组分别绘制滴定曲线。通过比较两条曲线的平缓程度及达到某一 pH 变化所需的酸/碱量，评估生物炭对土

壤 pH 缓冲能力的影响。

⑤ 结果描述与讨论：结合图表，客观描述实验结果，例如：不同种类和不同添加量生物炭对土壤 pH 的具体影响(升高或降低，幅度多大，是否存在剂量效应等)。随后依据实验原理，尝试解释观察到的现象并分析可能的化学机制。

【注意事项】

1. 称量与混合的准确性与均匀性：所有土壤和生物炭样品必须用符合精度要求的电子天平称量，并准确记录。混合土壤与生物炭时，应投入充足时间采用翻拌、对角线混合法等确保分布高度均匀——这是保证结果可靠性的关键。

2. 培养条件的控制与一致性：培养期间应保持各处理组水分含量一致，避免局部过干或水浸；水分状态会显著影响化学反应速率与微生物活性，从而影响 pH 变化。培养环境的温度与光照亦应保持一致。

3. 实验室安全：全程穿好实验服，佩戴手套与护目镜，尤其在处理粉末状生物炭或进行滴定操作时。实验结束后，所有玻璃仪器须彻底清洗，废弃物(如用过的土壤样品)按实验室规定分类、妥善处置。

4. 数据记录的严谨性：应在实验记录本中实时、清晰、准确地记录所有原始数据、操作细节、环境条件及任何特殊现象，确保数据可追溯。

【思考题】

1. 根据实验数据，所用生物炭及其不同添加量对酸性土壤 pH 有何具体影响？影响程度是否随添加量呈规律性变化？请详细描述。

2. 结合实验原理中的三种机制(灰分效应、表面官能团的质子交换、吸附作用)，分析并推测在实验条件下哪一种或几种机制可能主导了观察到的 pH 变化，并给出判断依据。

3. 同一生物质原料在 350 ℃(低温)与 700 ℃(高温)制备的生物炭对酸性土壤 pH 的改良效果有何差异？请从无机化学与物理化学角度阐述原因，考虑热解温度对灰分含量与组成、表面官能团以及比表面积和孔隙结构的影响。

4. 除 pH 外，生物炭施用还可能改变土壤哪些重要无机化学性质？请至少列举两项并简述其作用机制。(如阳离子交换量 CEC、P/K/Ca/Mg 等营养元素有效性变化)

5. 若在培养结束后向对照组和生物炭处理组土壤悬浊液中缓慢滴加等量强酸或强碱，您预期哪组 pH 变化更小？此现象说明生物炭赋予土壤何种化学特性？其内在化学原理是什么？

实验 33　藻酸盐气凝胶的简易制备及土壤保水性能研究

【实验目的】

1. 了解气凝胶的基本概念、特性（如高孔隙率、低密度）及其作为土壤保水剂的潜力。

2. 掌握一种基于天然高分子（藻酸盐）的简易气凝胶（或称为干凝胶，xerogel）制备方法，包括溶胶-凝胶转变、溶剂置换和干燥过程。

3. 学习并实践评价材料对土壤保水性能影响的基本实验方法，包括测定土壤的持水能力和观察水分蒸发速率。

4. 培养学生对材料科学与农业、环境科学交叉领域的兴趣，理解科学实验的设计思路和数据分析方法。

5. 初步探讨气凝胶材料在节约农业用水、改良土壤等方面的实际应用价值。

【实验原理】

气凝胶（aerogel）是一种具有纳米多孔网络结构、高孔隙率（可达 80%～99.8%）、大比表面积和极低密度（可低至 3 kg/m^3）的固体材料。其独特的结构赋予了它在隔热、吸附、催化、储能及生物医学等众多领域的应用潜力。高分子气凝胶，特别是基于天然生物高分子（如纤维素、壳聚糖、藻酸盐等）的气凝胶，因其环境友好、生物可降解等优点，在农业和环境修复领域备受关注。

本实验选择藻酸盐（alginate）作为前驱体制备气凝胶材料。藻酸盐是从褐藻中提取的天然多糖，其分子链上含有丰富的羧基（—COOH）和羟基（—OH），具有良好的生物相容性和生物可降解性。藻酸盐溶于水形成溶胶（sol），Ca^{2+} 等二价阳离子可以与藻酸盐分子链上的羧基发生离子交联，形成具有三维网络结构的水凝胶（hydrogel）。这种交联方式与其他生物高分子如壳聚糖（其分子链上的氨基和羟基也能参与形成交联网络）形成凝胶的原理有相似之处。

为了获得干燥的多孔材料（气凝胶或干凝胶），水凝胶中的水分需要除去，同时尽量保持其原有的网络结构不发生坍塌。理想的气凝胶制备通常采用超临界干燥或冷冻干燥技术。冷冻干燥能较好地保持材料的多孔结构。考虑到本科实验条件的限制，本实验采用更为简便的溶剂置换-常压干燥（如烘箱干燥或空气干燥）方法。首先通过溶剂置换，逐步用低表面张力的有机溶剂（如乙醇）取代水凝胶中的水，以减小干燥过程中因毛细管力引起的结构收缩。随后通过温和加热或空气干燥除去有机溶剂，得到藻酸盐干凝胶。尽管此方法制得的材料孔隙结构可能不如冷冻干燥或超临界干燥完美，孔隙率和比表面积可能较低（更接近于干凝胶，xerogel），但其制备过程简单，成本低廉，仍能展现多孔材料的某些特性，足以用于教学演示和初步性能评价。

将这种多孔的藻酸盐材料添加到土壤中，其内部的孔隙结构能够像海绵一样吸收并储存水分。这些水分随后可以在土壤干燥时缓慢释放，供植物根系吸收，从而提高土壤的持水能力（water holding capacity，WHC），减少水分的无效蒸发损失，改善土壤结构，为植物生长创造更有利的水分环境。这对于干旱、半干旱地区以及节水农业具有重要意义。本实验通过对比添加和未添加藻酸盐气凝胶的土壤样品在持水能力和水分蒸发速率上的差异，来评估藻酸盐气凝胶作为土壤保水剂的初步效果。

【试剂与仪器】

藻酸钠(sodium alginate，化学纯)，氯化钙($CaCl_2$，无水或二水合物，化学纯)，乙醇(ethanol，95%或无水，分析纯或化学纯)，土壤样品(建议选用质地较为均一的砂壤土或园艺栽培基质，实验前过筛去除大颗粒杂质并烘干或风干至恒重)。

电子天平(感量 0.01 g 或 0.001 g)，磁力搅拌器及搅拌磁子，烧杯(50 mL、100 mL、250 mL)，量筒(10 mL、50 mL、100 mL)，玻璃棒，表面皿或培养皿(用于凝胶成型)，镊子，滤纸，布氏漏斗及抽滤瓶(可选，用于加速清洗)，烘箱(可控温至 50～60℃)，干燥器(可选)，小型塑料花盆或一次性塑料杯(底部打孔，用于土壤实验，每组至少 3 个)，停表。

【实验内容】

1. 藻酸盐气凝胶(干凝胶)的制备

(1) 藻酸钠溶胶的制备

称取 2.0 g 藻酸钠粉末，缓慢加入到 100 mL 温热(约 40～50℃)的蒸馏水中，在磁力搅拌器上持续搅拌直至完全溶解，形成均一透明的藻酸钠溶胶(20 $g \cdot L^{-1}$)。注意避免产生过多气泡。若有大气泡，可静置一段时间使气泡逸出。

(2) 藻酸钙水凝胶的形成(凝胶化)

制备 50 $g \cdot L^{-1}$ 的氯化钙溶液(例如，称取 5g 无水 $CaCl_2$ 溶于 100 mL 蒸馏水)。将藻酸钠溶胶缓慢倒入盛有足量(例如 100～150 mL)$CaCl_2$ 溶液的烧杯中，或者用注射器将藻酸钠溶胶缓慢滴入 $CaCl_2$ 溶液中形成凝胶珠。也可以将藻酸钠溶胶倾倒在表面皿或培养皿中形成薄层，然后小心地加入 $CaCl_2$ 溶液使其浸没。静置 30～60 min，使藻酸盐充分交联形成藻酸钙水凝胶。观察水凝胶的形成过程和形态。

(3) 水凝胶的清洗

用镊子小心取出形成的藻酸钙水凝胶(块状或珠状)，用大量蒸馏水反复清洗数次(例如 3～5 次，每次浸泡 15～20 min)，以去除凝胶表面及内部残留的 Ca^{2+} 和 Cl^-。此步骤可选布氏漏斗抽滤辅助清洗。

(4) 溶剂置换

将清洗后的水凝胶依次浸泡在一系列不同浓度的乙醇水溶液中进行溶剂置换(此步骤在通风橱中操作)。建议梯度如下(可根据实验时间调整)：

a. 30%乙醇水溶液，浸泡 1～2 h(或更短，如 30 min，根据本科实验课时长调整)。

b. 50%乙醇水溶液，浸泡 1～2 h。

c. 70%乙醇水溶液，浸泡 1～2 h。

d. 95%(或无水)乙醇，浸泡 2 次，每次 1～2 h。

每次更换溶液时，尽量去除上一梯度的溶液。溶液的用量应足量且没过凝胶(例如，用量为凝胶体积的 5～10 倍)。

(5) 干燥

烘箱干燥(推荐)：将经过乙醇置换的凝胶取出，置于洁净的表面皿或称量纸上，自然风干 1～2 h 除去乙醇，放入预热至 50～60 ℃的烘箱中干燥 4～6 h 或至恒重。注意温度不宜过高，以免藻酸盐降解或材料过度收缩。

空气干燥(备选)：将经过乙醇置换的凝胶置于通风橱内或干燥器中，在室温下空气干燥24～48 h或至恒重。此方法耗时较长，收缩可能更显著。

称量干燥后藻酸盐气凝胶(干凝胶)的质量。观察其宏观形态、质地(是否轻盈、有一定脆性)和颜色。计算产率(可选)。

2. 藻酸盐气凝胶对土壤保水性能的评价

(1) 土壤样品的准备

取三份已知干重的等量(例如，每份100 g，精确称量)预处理(干燥、过筛)的土壤样品($m_{土壤}$)，分别标记为：对照组(Control)，实验组1(Exp-1，添加0.5%气凝胶)和实验组2(Exp-2，添加1.0%气凝胶)。

(2) 气凝胶的添加

对照组：不添加任何物质。此时，样品的干重 $m_{干混} = m_{土壤}$。

实验组1：称取干燥的藻酸盐气凝胶(质量 $m_{气凝胶1}=0.5$ g，即土壤质量的0.5%)，研细后与100 g土壤充分混合均匀。此时，样品的干重 $m_{干混1} = m_{土壤} + m_{气凝胶1}$。

实验组2：称取干燥的藻酸盐气凝胶(质量 $m_{气凝胶2}$，例如，土壤质量的1.0%，即1.0 g)，同样处理后与100 g土壤充分混合均匀。此时，样品的干重 $m_{干混2} = m_{土壤} + m_{气凝胶2}$。

(3) 土壤最大持水能力的测定

a. 称取一个洁净、干燥、底部有孔的容器(预先铺好滤纸)，记录其质量 $m_{容器}$，将各组准备好的土壤样品(干重分别为 $m_{土壤}$，$m_{干混1}$，$m_{干混2}$)分别装入此规格相同的容器中，轻轻拍实，使各组装填高度和紧实度尽量一致。

b. 记录装有干土(或混合物)和容器的总质量 $m_{干总}$。

c. 将容器置于托盘中，缓慢向每个容器中饱和加水(用蒸馏水)，直至容器底部开始均匀渗出水为止，停止加水，让容器在托盘中静置1～2 h(或直至底部不再有明显水滴渗出)，使多余的重力水完全排出。

d. 小心移去容器，用纸巾擦干容器外壁可能附着的水渍，迅速称量此时湿润土壤和容器的总重，记录为 $m_{饱和总}$。

e. 计算该土壤样品所持有的水量(g)：$m_{持水} = m_{饱和总} - m_{干总}$。

f. 计算土壤的最大持水率(%)：最大持水率 $= (m_{持水} / m_{干混}) \times 100\%$。

(4) 土壤水分蒸发速率的比较

a. 使用步骤(3)中已达到饱和排水的样品，或重新制备饱和样品，确保各组起始含水量(或总质量 $m_{初始} = m_{饱和总}$)尽可能一致。记录实验开始时间。

b. 将所有容器并排置于实验室同一环境下(室温、通风条件相似处)，避免阳光直射或强风。

c. 在接下来的几个小时内(例如，每隔30 min或1 h)，依次称量每个容器的总质量($m_{当前}$)，并记录时间和对应的总质量。实验持续时间可根据课堂时间设定(例如2～4小时)。

d. 计算每个时间点土壤的水分损失量(g)：水分损失量 $= m_{初始} - m_{当前}$。

e. 持续观察几天，直至土壤表面明显干燥，绘制"累积失水量－时间"曲线或"剩余水分百分比－时间"曲线(可选，若实验时间允许或作为课后作业)。

【数据处理】

藻酸盐气凝胶(干凝胶)的制备数据：

藻酸钠质量：________ g

所用蒸馏水体积：________ mL

$CaCl_2$ 溶液浓度：________%，体积：________ mL

溶剂置换各级乙醇浓度及浸泡时间：____________

干燥方法：________，干燥温度：________℃，干燥时间：________ h

干燥后藻酸盐气凝胶(干凝胶)质量($m_{气凝胶}$)：________ g

外观描述(颜色、形态、质地、是否易碎等)：____________

计算产率(可选)：产率=($m_{气凝胶}$/藻酸钠质量)×100%=________%

将土壤最大持水能力和水分蒸发数据记录在表 3-19 和表 3-20 中。

表 3-19　土壤最大持水能力数据记录表

组别	空容器质量($m_{容器}$)/g	干土质量($m_{土壤}$)/g	添加气凝胶质量($m_{气凝胶}$)/g	干土/混合物质量($m_{干混}=m_{土壤}+m_{气凝胶}$)/g	装有干土/混合物的容器总重($m_{干总}$)/g	饱和后湿土与容器总重($m_{饱和总}$)/g	持水量($m_{持水}=m_{饱和总}-m_{干总}$)/g	最大持水率($m_{持水}/m_{干混}$)×100%/%
对照组			0					
实验组 1(0.5%)								
实验组 2(1.0%)								

表 3-20　土壤水分蒸发数据记录表

时间/h	对照组总质量/g	对照组失水/g	实验组 1 总质量/g	实验组 1 失水/g	实验组 2 总质量/g	实验组 2 失水/g
0		0		0		0
0.5						
1.0						
1.5						
2.0						
…						

数据处理与结果呈现方式有：计算各组土壤的最大持水率，并用柱状图比较。根据水分蒸发数据，绘制各组土壤累积失水量随时间变化的曲线图。分析图表，比较不同处理对土壤持水能力和水分蒸发速率的影响。

【注意事项】

1. 实验全过程须佩戴护目镜，穿上实验服。

2. 乙醇为易燃品，溶剂置换和含有乙醇的凝胶的干燥过程应在通风橱内操作，远离明火。烘箱干燥时，确保烘箱通风良好，温度控制在指定范围内，防止乙醇蒸气积聚。

3. 取用化学品时，应遵循实验室安全规范，避免皮肤直接接触。

4. 废弃的乙醇溶液和少量 $CaCl_2$ 溶液应分别收集在指定的废液桶中，不可随意倒入下水道。

5. 在准备土壤样品和添加气凝胶时，应确保混合均匀，以保证实验结果的可靠性。

6. 测量土壤持水能力时，确保重力水完全排出，否则会高估持水能力。

7. 在水分蒸发实验中，应确保各组样品所处的环境条件(温度、湿度、空气流动)尽可能一致。

【思考题】

1. 描述你所制备的藻酸盐气凝胶(干凝胶)的外观特征(如体积、形状、颜色、手感等)。与水凝胶相比，它发生了哪些主要变化?

2. 解释在制备藻酸盐气凝胶(干凝胶)过程中，溶剂置换步骤(用水洗后的乙醇梯度处理)的目的和重要性是什么?如果直接将水凝胶在烘箱中干燥，可能会出现什么现象?为什么?

3. 根据你的实验结果，藻酸盐气凝胶的添加对土壤的最大持水能力有何影响?尝试从气凝胶的结构和性质解释其原因。

4. 比较不同添加量的藻酸盐气凝胶对土壤水分蒸发速率的影响。哪种处理的保水效果更好?这对农业生产有何启示?

5. 除了土壤保水，结合气凝胶的多孔特性，你还能想到它在无机化学或材料化学领域有哪些潜在的应用?

6. 如果想进一步优化本实验制备的藻酸盐气凝胶的保水性能，或者更全面地评价其效果，你会考虑从哪些方面改进实验设计?(例如，改变交联剂浓度、改变干燥方式、测试不同类型的土壤、进行植物生长实验等)

实验 34　多色碳量子点的制备及性质

【实验目的】

1. 掌握以葡萄糖与谷氨酸为原料，通过直接加热法制备多色荧光碳量子点的实验方法。
2. 探究原料比例与溶液 pH 对碳量子点荧光性能的调控规律。
3. 测定碳量子点对 Fe^{3+} 的检测灵敏度。

【实验原理】

碳量子点(carbon quantum dots，CQDs)是近年来快速发展的一类新型荧光纳米材料，其尺寸通常小于 10 nm，由碳骨架核心和表面丰富的官能团(如羧基、氨基、羟基等)构成。与传统的半导体量子点(如 CdSe)相比，碳量子点具有低毒性、生物相容性高、原料来源广、光稳定性强等优势，在生物成像、光催化、环境监测及光电器件等领域展现出巨大潜力。

碳量子点的荧光特性源于其独特的电子结构，量子限域效应、表面态发光、分子态发光都会影响其荧光性质。本实验中，葡萄糖与谷氨酸的热解产物可能同时包含碳核与表面分子态结构，其多色荧光可能源于氮掺杂引起的能级重构及 pH 依赖的表面电荷效应。本实验以葡萄糖作为主要碳源，其丰富的羟基在高温下脱水缩合，形成 sp^2 杂化的碳核结构；同时，未完全反应的羟基保留在表面，赋予结构水溶性。谷氨酸作为氮源，其氨基和羧基参与碳核形成，引入氮原子(N-doping)。氮的孤对电子可调节碳核的电子云分布，形成新的表面态能级，拓宽发光波长范围(从蓝光延伸至绿光甚至红光)。

原料比例和溶液 pH 都能参与调控荧光性质。一方面，谷氨酸比例增加会提高氮掺杂量，改变碳量子点的能带结构。例如，高氮掺杂可能引入中间能级，使荧光发射红移。同时葡萄糖与谷氨酸的比例差异可能影响碳化速率，调控碳核尺寸。较小的颗粒因量子限域效应倾向于发射短波长光(蓝光)，而较大颗粒可能发射长波长光(绿光)。另一方面，溶液 pH 通过改变表面官能团的电离状态，影响碳量子点的表面电荷及电子结构，酸性条件下羧基质子化，表面电荷减少，可能导致荧光猝灭。中性至碱性条件下羧基去质子化($—COO^-$)，氨基($—NH_2$)部分质子化($—NH_3^+$)，表面形成两性离子结构。这种电荷分布可增强激子的束缚能力，促进辐射复合，提高荧光强度；同时，电离态官能团可能通过氢键或静电作用改变能级排布，诱导荧光发射红移。

Fe^{3+} 的高电荷密度使其易与碳量子点表面的负电性官能团(如$—COO^-$)发生配位作用，形成非荧光的基态复合物(静态猝灭)。静态猝灭一般遵循 Stern-Volmer 方程，可以通过标准曲线计算铁离子的浓度。

【试剂与仪器】

葡萄糖(AR)，谷氨酸(AR)，NaOH/HCl 溶液(0.1 $mol \cdot L^{-1}$，用于调节 pH)，$FeCl_3$ 溶液(0.1 $mmol \cdot L^{-1}$)，超纯水。

圆底烧瓶(50 mL)，磁力加热搅拌器，透析袋(截留分子质量为 1000 Da)，紫外灯(365 nm)，荧光分光光度计，pH 计，离心机。

【实验内容】

1. 碳量子点的制备

a. 称取不同比例的葡萄糖与谷氨酸(总质量固定为 2.0 g)，加入 50 mL 圆底烧瓶中。

b. 加入 5 mL 超纯水，磁力搅拌溶解。

c. 调节溶液 pH 至设定值(4.0、7.0、10.0、12.0)。

d. 置于磁力加热搅拌器上，90 ℃下加热 2 h，溶液逐渐变为棕黄色。

e. 加入 50 mL 超纯水稀释。冷却后离心(8000$r\cdot min^{-1}$，10 min)，取上清液在磁力加热搅拌器上透析 1 h，每 15 min 换水一次，得纯化碳量子点溶液。

2. 荧光性能表征

a. 紫外灯下观察不同样品的荧光颜色。

b. 记录碳量子点的荧光激发光谱与发射光谱。

c. 测定量子产率(以硫酸奎宁为参比)。

3. Fe^{3+} 检测实验

a. 取 2 mL 碳量子点溶液，加入不同浓度 $FeCl_3$ 溶液(0～100 $\mu mol\cdot L^{-1}$)。

b. 静置 5 min 后测定荧光强度，绘制猝灭曲线。

【数据记录】

将实验数据记录在表 3-21、表 3-22 相应位置中。

表 3-21　合成参数记录

样品编号	原料比例	pH 值	荧光颜色	最大激发波长/最大发射波长/nm	量子产率/%
1	1∶1	13	蓝色	340/450	12
2	1∶2	13	绿色	360/520	18
3					
…					

表 3-22　Fe^{3+} 检测分析记录表

Fe^{3+} 浓度/($\mu mol\cdot L^{-1}$)	荧光强度/a. u.
0	12000
5	11000
10	10000
…	

【注意事项】

1. 加热过程中避免温度过高导致碳化过度。
2. 透析时需频繁换水以去除小分子杂质。
3. 荧光测定前需将样品稀释至适当浓度，避免内滤效应。

【思考题】

1. 葡萄糖与谷氨酸在碳量子点形成过程中分别起何作用？为何氮掺杂可调控荧光颜色？
2. 溶液 pH 如何影响碳量子点的表面电荷及荧光性能？
3. 量子产率的计算公式是如何推算的？实验中需注意哪些误差来源？
4. 碳量子点检测 Fe^{3+} 的可能猝灭机制有哪些？如何验证其选择性？

实验 35　离子选择性电极测定水中的氯离子

【实验目的】

1. 了解氯离子选择性电极的基本性能。
2. 掌握氯离子选择性电极测定水中微量氯离子的原理及方法。
3. 掌握标准曲线法测定水中微量氯离子的方法。
4. 学会使用酸度计测量电动势。

【实验原理】

以氯离子选择性电极为指示电极，双盐桥饱和甘汞电极为参比电极，插入含 Cl^- 的溶液组成工作电池（氯离子选择性电极的敏感膜由 AgCl 和 Ag_2S 的粉末混合压制而成），此时整个电池的电动势如式(3-11)所示。

$$E=E_{参}-E_{Cl^-} \tag{3-11}$$

甘汞电极电位在测定中保持不变，氯离子选择性电极电位在测定中要随氯离子浓度的变化而变化，当氯离子浓度在 $5\times10^{-5}\sim5\times10^{-2}$ mol·L^{-1}范围内时，电池电动势与氯离子浓度的对数成线性关系，如式(3-12)所示。

$$E = K-\frac{2.303RT}{nF}\lg\frac{c(Cl^-)}{c^{\ominus}} \tag{3-12}$$

式中，K 值取决于温度、膜特性和参比电极等；R 为气体常数，8.314 J·mol^{-1}·K^{-1}；T 为热力学温度；n 为电池反应中转移电子数；F 为法拉第常数，96485 C·mol^{-1}；$c(Cl^-)$ 为 Cl^- 的浓度。通过测量电池电动势可以测定 Cl^- 的浓度。Cl^- 的浓度 $c(Cl^-)$ 的负的对数值如式(3-13)所示。

$$pCl^-=-\lg\frac{c(Cl^-)}{c^{\ominus}} \tag{3-13}$$

E 与 Cl^- 的浓度 $c(Cl^-)$ 的对数值成线性关系。为了测定 Cl^- 的浓度，常在标准溶液与试样溶液中同时加入相等的足够量的惰性电解质作总离子强度调节缓冲溶液，使它们的总离子强度相同。测定时，通过加入总离子强度调节缓冲液（TISAB）控制氯离子选择性电极的最佳使用条件，适宜的 pH 范围为 2.0～12.0，干扰物质有 Br^-、I^-、S^{2-}、CN^-、NH_3 等。

测定水样中氯离子的方法有标准曲线法与标准加入法，本实验采用标准曲线法。

标准曲线法是将离子选择性电极与参比电极插入到一系列已知浓度（活度）的标准溶液中，测出相应的电动势 E，以测得的电动势 E 值与相应的 pCl^- 值绘制出标准曲线。在同样条件下测出试样溶液的 E 值，再从标准曲线上查出试样溶液 E 值对应的试样溶液的浓度（活度）。

实验装置示意图见图 3-4。

【试剂与仪器】

0.05 mol·L^{-1} Cl^- 标准溶液：准确称取经 120 ℃烘干 2 h 的分析纯 NaCl 2.922 g 于

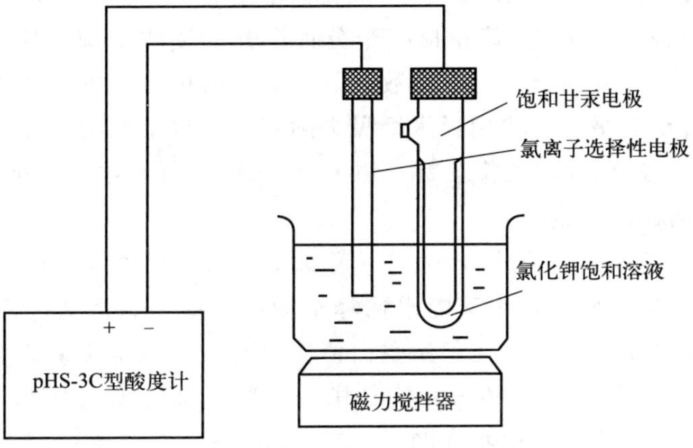

图 3-4 实验装置示意图

实验装置中正极（参比电极）为饱和甘汞电极，负极（指示电极）为氯离子选择性电极，溶液为含氯溶液。

150 mL 烧杯中，用去离子水溶解后，转移到 1 L 容量瓶中定容。

TISAB：于 1000 mL 烧杯中加入 500 mL 去离子水和 57 mL 冰醋酸、101 g KNO_3、12 g 柠檬酸钠，搅拌使之溶解，将烧杯放在冷水浴中，缓缓加入 6 mol·L^{-1} NaOH 溶液，直至 pH 值在 5.0～5.5 之间，加入 约 125 mL，用酸度计检查。冷却至室温，转入 1 L 容量瓶中，用去离子水稀释至刻度。

自来水样。

pHS-3C 型酸度计，氯离子选择性电极，双盐桥饱和甘汞电极(外盐桥套管内须充入 1 mol·L^{-1} KNO_3 溶液)，烧杯(50 mL、150 mL)，容量瓶(50 mL)，吸量管(1 mL、5 mL、10 mL)，移液管(25 mL)，磁力搅拌器，搅拌磁子。

【实验内容】

1. 氯离子选择性电极的准备

氯离子选择性电极在使用前于 10^{-3} mol·L^{-1} 的 NaCl 溶液中浸泡活化 1～2 h，用蒸馏水清洗电极(其在蒸馏水中的电位值约－200 mV)。

2. 调整

使用 pHS-3C 型酸度计：预热仪器 20 min，置于 mV 挡，校正仪器，调仪器零点。氯离子选择性电极接仪器负极接线柱，甘汞电极接仪器正极接线柱。将两电极插入去离子水中，开动搅拌器，使测得的电位(即电池电动势）小于－200 mV，若读数大于－200 mV，则更换去离子水，如此反复几次即可达到电极的空白值。若电位值仍不能小于－200 mV，可用金相砂纸轻轻擦拭氯离子选择性电极，继续清洗至－200 mV。

若使用 PB-10 离子计则按使用说明调好 mV 挡，装上氯离子选择性电极和双盐桥饱和甘汞电极，用蒸馏水调节零点。

3. 标准曲线的绘制

① 取 5 个 50 mL 容量瓶，编号为 1～5。分别移取 0.05 mol·L^{-1} Cl^- 标准溶液 0.50 mL、1.00 mL、2.50 mL、5.00 mL、10.00 mL 到上述容量瓶中，再加 1.00 mL TISAB，用去离子水稀释至刻度，摇匀。

② 将上述溶液分别倒入 50 mL 烧杯中，将氯离子选择性电极和双盐桥饱和甘汞电极浸入。在磁力搅拌器上搅拌 4 min，停止搅拌半分钟，开始读取平衡电位，然后每隔 0.5 min 读一次，直至 3 min 内不变为止，记下读数。测定顺序由稀溶液依次到浓溶液，这样在测定下一个溶液时不必冲洗电极，只要用吸水纸吸去附着在电极上的溶液即可。

③ 以测得的电动势值(mV)为纵坐标，以 pCl^- 为横坐标，绘制标准曲线。

4. 水中氯离子含量的测定

① 取 2 个 50 mL 容量瓶，编号为 6、7。移取 25.00 mL 含氯水样，分别加到上述容量瓶中，再各加 1.00 mL TISAB，用蒸馏水稀释至刻度，摇匀。将测过标准溶液的氯离子选择性电极用去离子水冲洗，冲洗到与起始空白值接近时，再测定含氯的水样。

② 把上述两份水样分别倒入 50 mL 烧杯中，测其电动势值(mV)。根据测定水样的电动势值，从标准曲线上查出相对应水样的 $c(Cl^-)$ $(mol \cdot L^{-1})$，再换算成水样中的 pCl^-。

5. 加标回收检验并清洗电极

① 在步骤 4 的配制好的 50 mL 含氯水样中再加入 1.00 mL 0.05 $mol \cdot L^{-1}$ Cl^- 标准溶液，混匀后再次在与标准曲线相同的测定条件下测定电动势(mV)，重复测定 3 次。

② 清洗电极：测定结束后，用去离子水清洗电极多次，收入电极盒保存。

【数据记录】

将实验数据记录在表 3-23 相应位置中。

表 3-23　标准溶液和含氯水样的电动势测定

项目	溶液编号						
	标 1	标 2	标 3	标 4	标 5	未知 6	未知 7
$c(Cl^-)/(mol \cdot L^{-1})$							
pCl^-							
E/mV							

绘制 Cl^- 标准溶液的 E-pCl^- 标准曲线(坐标纸或 Excel)，由标准曲线查得水中 pCl^-。

【思考题】

1. 加入 TISAB 的目的是什么？其组分分别是什么？各有什么作用？
2. 测量时为什么要选择使用双盐桥饱和甘汞电极作为参比电极？

实验 36　自然水体中化学需氧量的测定

【实验目的】

1. 掌握高锰酸钾法测定自然水体中化学需氧量（COD）的原理与方法。
2. 学习氧化还原滴定操作及实验数据处理方法。
3. 了解 COD 在评价水体有机物污染程度中的意义。

【实验原理】

化学需氧量(COD)指在一定条件下，水样中被强氧化剂氧化的有机物所消耗的氧化剂量，以氧的质量浓度($mg \cdot L^{-1}$)表示。

本实验用酸性高锰酸钾法测定自然水体中的化学需氧量。

在酸性条件下，向水样中加入一定量过量的 $KMnO_4$ 标准溶液，加热煮沸使水中有机物被 $KMnO_4$ 充分氧化，转化为二氧化碳，同时高价锰被还原成 Mn^{2+}。

$$4MnO_4^- + 5C(\text{有机物}) + 12H^+ = 4Mn^{2+} + 5CO_2\uparrow + 6H_2O$$

剩余的 $KMnO_4$ 用一定量(过量)的 $Na_2C_2O_4$ 标准溶液还原，再以 $KMnO_4$ 标准溶液来返滴定 $Na_2C_2O_4$ 的过量部分。$KMnO_4$ 与 $Na_2C_2O_4$ 标准溶液进行的反应如下式所示。

$$2MnO_4^- + 5C_2O_4{}^{2-} + 16H^+ = 2Mn^{2+} + 10CO_2\uparrow + 8H_2O$$

通过计算滴定 $Na_2C_2O_4$ 标准溶液消耗的 $KMnO_4$ 的量来计算水样的化学需氧量。

$$COD(mg \cdot L^{-1}) = \frac{[5(V_0+V_1)c_{KMnO_4} - 2c_{Na_2C_2O_4}V_{Na_2C_2O_4}] \times 8 \times 1000}{V_{\text{水样}}}$$

式中，V_0 为初始加入的高锰酸钾标准溶液的体积，mL；V_1 为返滴定时消耗的高锰酸钾的体积，mL；c_{KMnO_4} 为高锰酸钾标准溶液的浓度，$mol \cdot L^{-1}$；$V_{Na_2C_2O_4}$ 为还原滴定时加入的草酸钠溶液的体积，mL；$c_{Na_2C_2O_4}$ 为草酸钠标准溶液的浓度，$mol \cdot L^{-1}$；$V_{\text{水样}}$ 为检测水样的体积，mL。

【试剂与仪器】

0.01 $mol \cdot L^{-1}$ $KMnO_4$ 标准溶液，6 $mol \cdot L^{-1}$ H_2SO_4 溶液，0.005 $mol \cdot L^{-1}$ $Na_2C_2O_4$ 标准溶液，去离子水，自然水样(过滤后使用)。

0.01 $mol \cdot L^{-1}$ $KMnO_4$ 标准溶液的配制：用天平准确称取 1.58 g $KMnO_4$ 固体，将称好的固体转移至烧杯中，加入约 200 mL 去离子水，搅拌至大部分溶解(若难溶可稍加热，但避免长时间煮沸)；待溶液冷却至室温后，用玻璃棒引流转移至 1 L 容量瓶中，用蒸馏水洗涤烧杯和玻璃棒 2～3 次，洗涤液一并转入容量瓶，继续加蒸馏水至液面接近刻度线，改用滴管定容至标线；盖紧瓶塞，倒转摇匀 10 次以上。

0.005 $mol \cdot L^{-1}$ $Na_2C_2O_4$ 标准溶液的配制：用天平准确称取 0.67 g $Na_2C_2O_4$ 固体于烧杯中，余下步骤同上。

酸式滴定管(25 mL)，锥形瓶(250 mL)，电炉，烧杯，水浴锅，秒表。

【实验内容】

1. 水样预处理

取 100 mL 水样于 250 mL 锥形瓶中，加入 10.00 mL 6 mol•L^{-1} H_2SO_4 溶液酸化。

2. 氧化反应

用滴定管加入 10.00 mL 0.01 mol•$L^{-1}$$KMnO_4$ 溶液(图 3-5)，在锥形瓶中加入 3～4 粒玻璃珠，尽快将其加热至沸腾，并保持沸腾 10 min(若红色褪去需补加 $KMnO_4$)。

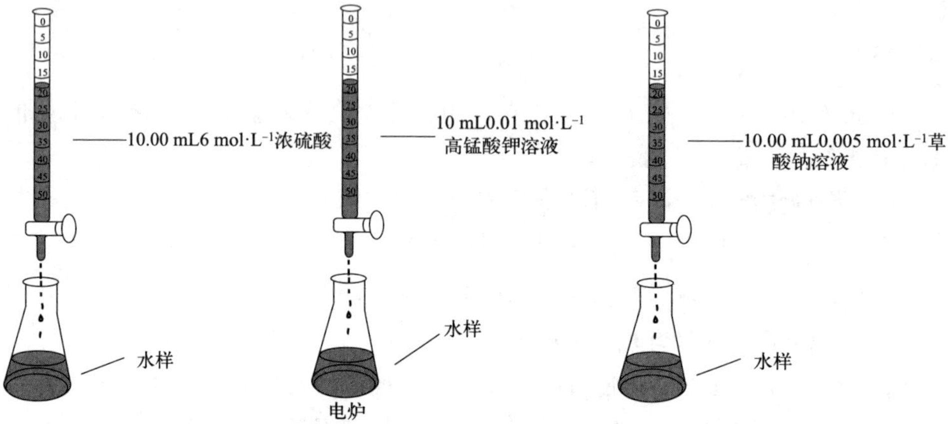

图 3-5　滴定装置($KMnO_4$ 溶液滴定水样)

3. 还原滴定

① 冷却 1 min，加入 10.00 mL 0.005 mol•L^{-1} $Na_2C_2O_4$ 标准溶液，摇匀。

② 用 0.01 mol•L^{-1} $KMnO_4$ 溶液滴定 $Na_2C_2O_4$ 溶液(图 3-6)，先加入几滴 $KMnO_4$ 溶液，摇动溶液，使红色褪去后，再继续滴定。随着反应速率的加快，可逐渐加快滴定速度，快到终点时应逐滴加入，直至加入最后半滴 $KMnO_4$ 溶液，溶液呈微红色，30s 不褪去为滴定终点。记录滴定体积。

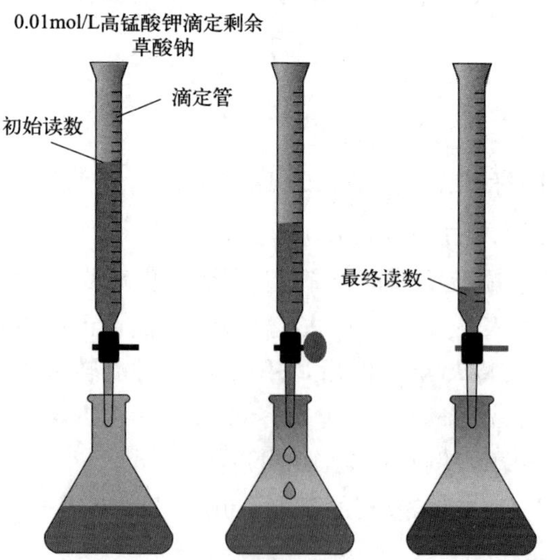

图 3-6　滴定装置($KMnO_4$ 溶液滴定 $Na_2C_2O_4$ 标准溶液)

4. 对照实验

用 100 mL 去离子水代替水样，重复上述步骤 1～3，记录 $KMnO_4$ 溶液用量 $V_{对照}$。

【数据记录】

将实验数据记录在表 3-24 相应位置中。

表 3-24　水样中化学需氧量的测定

项目	水样 1	水样 2	去离子水
水样体积 $V_{水样}$/mL			
加入 $KMnO_4$ 体积 V_0/mL			
$KMnO_4$ 最终读数/mL			
$KMnO_4$ 初始读数/mL			
实际消耗 V_1/mL			
加入草酸体积 $V_{Na_2C_2O_4}$/mL			
COD /(mg·L^{-1})			
校正后的 COD /(mg·L^{-1})			0

【思考题】

1. 对照实验的目的是什么？
2. 加热时间不足对结果有何影响？
3. 高锰酸钾法与重铬酸钾法有何区别？
4. Cl^- 对测定有何干扰？如何消除？

实验 37 Fe_3O_4 复合酰胺腐殖酸磁性纳米粒子的制备及其对 La(Ⅲ) 的高效吸附

【实验目的】

1. 学习 Fe_3O_4 复合酰胺腐殖酸磁性纳米粒子的制备方法。
2. 掌握分析天平的使用方法。
3. 了解测试金属离子浓度的方法。
4. 了解运用 Excel 处理数据的方法。

【实验原理】

在高温高压、乙酸钠存在的条件下，一定质量的 $FeCl_3 \cdot 6H_2O$ 与乙二醇反应：

$$Fe^{3+} + HOCH_2CH_2OH \longrightarrow Fe_3O_4 + CH_3COOH$$

设 La(Ⅲ)的吸附量为 Q_t，则：

$$Q_t = (c_0 - c_t)V/m$$

式中，m 为纳米粒子的质量，mg；V 为 La(Ⅲ)溶液的体积，mL；c_0 为 La(Ⅲ)溶液的初始浓度，$mg \cdot L^{-1}$；c_t 为吸附后的浓度，$mg \cdot L^{-1}$。

实验流程如图 3-7 所示，反应前在烧杯中将所有药品混合均匀，然后转移到聚四氟乙烯反应釜中，酰胺腐殖酸表面含有丰富的基团，在水热的条件下可以与四氧化三铁形成配位键、共价键或者通过静电作用、氢键等方式连接，从而达到改性的目的，表面丰富的基团有利于金属离子的捕捉。

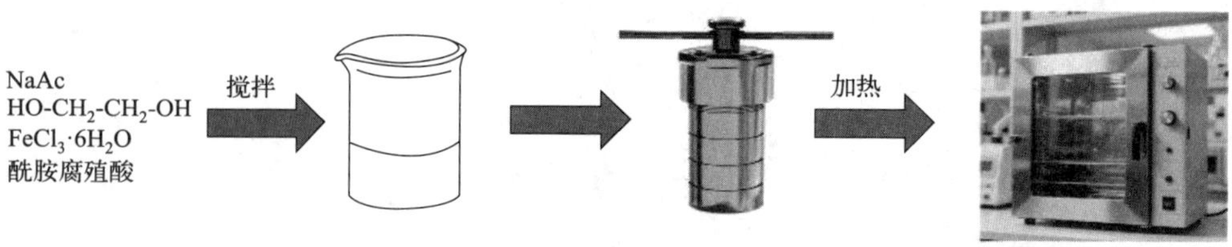

图 3-7 实验流程图

【试剂与仪器】

$FeCl_3 \cdot 6H_2O$，乙酸钠，酰胺腐殖酸，乙二醇，六水合硝酸镧。

烧杯，玻璃棒，聚四氟乙烯反应釜，搅拌磁子，烘箱，磁力搅拌器，分析天平，量筒（25 mL），0.22 μm 滤膜，振荡器。

【实验内容】

1. 称量药品

用分析天平准确称量 1.0 g 酰胺腐殖酸、3.0 g 乙酸钠和 1.0 g 的 $FeCl_3 \cdot 6H_2O$ 加入到烧杯中，并用量筒量取 20 mL 乙二醇加入到烧杯中，用玻璃棒搅拌均匀，加入一颗搅拌磁子，调节磁力搅拌器至合适的转速，搅拌 30 min。

2. 制备吸附剂样品

将药品溶液转移到聚四氟乙烯反应釜中，旋紧盖子，设置烘箱温度为 200 ℃，置于烘箱中 6 h，反应结束后，待反应釜自然冷却降压，打开反应釜，产物用大量水洗涤。

3. 吸附实验

配制初始浓度为 100 mg·L^{-1}的 La(Ⅲ)溶液，分别加入 5 mg、10 mg、15 mg、20 mg、25 mg 吸附剂，取 10 mL 加入吸附剂的 La(Ⅲ)溶液放入振荡器中振荡 45 min，保持温度为 30 ℃，转速为 180 r·min^{-1}。

4. 样品浓度测试

取吸附后溶液的上层清液，用 0.22 μm 的滤膜过滤并稀释至 5 mg·L^{-1}左右，测试吸附后溶液中的 La(Ⅲ)的浓度，并记录数据。

【数据记录】

将实验数据记录在表 3-25 相应位置中。

表 3-25　样品吸附实验数据记录

项目	实验 1	实验 2	实验 3	实验 4	实验 5
吸附剂的质量 m/g					
吸附前 La(Ⅲ)溶液体积 V /mL					
吸附前 La(Ⅲ)溶液浓度 c_0/(mg·L^{-1})					
吸附后 La(Ⅲ)溶液浓度 c_t/(mg·L^{-1})					
吸附量 Q_t/(mg·g^{-1})					

【思考题】

1. 反应加入乙酸钠的原因是什么？
2. 通过酰胺腐殖酸改性 Fe_3O_4 的目的是什么？
3. 为什么不用 Fe_3O_4 直接吸附，而是需要改性？

实验 38 $ZnS/CuBi_2O_4$ 纳米复合材料的制备及其在光催化降解亚甲基蓝中的应用

【实验目的】

1. 了解光催化材料的基本概念与应用。
2. 熟悉 $ZnS/CuBi_2O_4$ 纳米复合材料的制备流程及特性。
3. 掌握光催化降解亚甲基蓝实验的基本操作技能。

【实验原理】

当 $ZnS/CuBi_2O_4$ 光催化剂受到模拟日光照射时，其价带中的电子(e^-)被激发跃迁到导带，留下空穴(h^+)。这些光生电子和空穴具有强氧化还原能力，能够与吸附在催化剂表面的亚甲基蓝(MB)分子、水分子或溶解氧发生一系列氧化还原反应。具体反应过程如下：

(1) 空穴的氧化作用

空穴可以将水分子氧化为羟基自由基(·OH)，反应式为：

$$h^+ + H_2O \longrightarrow \cdot OH + H^+$$

羟基自由基(·OH)是一种强氧化性自由基，是光催化降解机制中的关键物质。它能够攻击 MB 分子，使其发生断键、开环等反应，最终将 MB 降解为二氧化碳、水和无机离子等无害物质。

(2) 电子的还原作用

光生电子可以还原溶解氧生成超氧自由基($\cdot O_2^-$)，反应式为：

$$e^- + O_2 \longrightarrow \cdot O_2^-$$

超氧自由基也具有一定的氧化能力，能进一步促进 MB 的降解。

(3) 异质结增强光催化性能

ZnS 和 $CuBi_2O_4$ 形成异质结结构后，二者之间存在能级匹配关系。当光照射到 $ZnS/CuBi_2O_4$ 异质结上时，ZnS 产生的光生电子可以转移到 $CuBi_2O_4$ 的导带上，而产生的空穴则留在 ZnS 的价带中。这种电荷转移过程有效分离了光生电子-空穴对，减少了光生电子-空穴对的复合概率，从而提高了光生载流子的浓度和寿命，使得更多的光生载流子能够参与到 MB 的降解反应中，进而增强了光催化性能，实现对 MB 的高效降解。

【试剂与仪器】

二水合乙酸锌[$Zn(CH_3COO)_2 \cdot 2H_2O$]，三水合硝酸铜[$Cu(NO_3)_2 \cdot 3H_2O$]，五水合硝酸铋[$Bi(NO_3)_3 \cdot 5H_2O$]，硫化钠($Na_2S$)，氢氧化钠(NaOH)，对苯二甲酸[$C_6H_4(CO_2H)_2$]，乙醇($C_2H_5OH$)，丙酮($CH_3COCH_3$)，蒸馏水($H_2O$)，十六烷基三甲基溴化铵(CTAB)，亚甲基蓝(MB)溶液。

模拟日光光源[如氙灯，功率为 300 W，配备 1 sun(1 sun = 1000 W/m^2)光强调节装置]，紫外-可见分光光度计，超声分散仪，磁力搅拌器，恒温水浴锅，比色皿，以及移液管、量筒、烧杯、容量瓶等常规玻璃仪器。

【实验内容】

1. $ZnS/CuBi_2O_4$ 纳米复合材料的制备

(1) $CuBi_2O_4$ 的合成

试剂准备：称取 0.87 g NaOH、0.60 g $Cu(NO_3)_2 \cdot 3H_2O$ 和 2.42 g $Bi(NO_3)_3 \cdot 5H_2O$，分别溶解于 50 mL 蒸馏水中。

混合与搅拌：将上述溶液混合于 100 mL 烧杯中，在室温下以 500 $r \cdot min^{-1}$ 的速度搅拌 1 h。

水热处理：将混合溶液转移到水热反应釜中，在 180 ℃下处理 4 h。

洗涤与干燥：反应结束后，将产物过滤，用乙醇、丙酮和蒸馏水多次洗涤，以去除杂质。最后在 70 ℃下干燥 4 h，得到 $CuBi_2O_4$ 纳米棒。

(2) ZnS 的合成

溶液配制：将 1 mmol 乙酸锌溶解于 40 mL 去离子水中，超声波处理 5 min 以确保均匀性，得到溶液 A；将 1 mmol 硫化钠(Na_2S)溶解于 20 mL 去离子水中，得到溶液 B。

反应与沉淀：在磁力搅拌下，将溶液 B 逐滴加入溶液 A 中，形成白色沉淀。继续搅拌 1 h，以最大限度地提高组分之间的相互作用。

水热处理：将混合溶液转移到水热反应釜中，在 180 ℃下处理 4 h。

洗涤与干燥：反应结束后，将产物过滤，并用去离子水、乙醇和丙酮清洗 3 次。最后在 70℃下干燥 4 h，得到 ZnS 纳米结构。

(3) $ZnS/CuBi_2O_4$ 的合成

分散处理：将 70 mg $CuBi_2O_4$ 和 100 mg ZnS 分别分散于 30 mL 乙醇中，分别超声处理 20 min，确保均匀分散。

混合与反应：将 ZnS 溶液逐滴加入 $CuBi_2O_4$ 溶液中，在磁力搅拌下混合 2 h。

热处理：将混合后的溶液转移到高压反应釜中，在 120 ℃下处理 3 h。

洗涤与干燥：反应结束后，将产物过滤，用丙酮、乙醇和蒸馏水依次洗涤 3 次。最后在 80 ℃下干燥 3 h，得到 $ZnS/CuBi_2O_4$ 纳米复合材料。

2. $ZnS/CuBi_2O_4$ 纳米复合材料光催化降解亚甲基蓝实验

(1) 催化剂分散处理

称取一定量的 $ZnS/CuBi_2O_4$ 纳米复合材料(如 0.1 g)，将其加入到适量乙醇(如 50 mL)中，使用超声分散仪在功率为 100 W、频率为 40 kHz 的条件下超声分散 30 min，使催化剂均匀分散在乙醇中，形成稳定的分散液。

(2) 反应体系的准备

取 100 mL 浓度为 10 $mg \cdot L^{-1}$ 的 MB 溶液，加入到 250 mL 的烧杯中，将分散好的 $ZnS/CuBi_2O_4$ 纳米复合材料分散液加入到 MB 溶液中，使催化剂的最终浓度为 1 $g \cdot L^{-1}$。

将烧杯置于磁力搅拌器上，在暗处搅拌 30 min，使催化剂与 MB 溶液充分接触并达到吸附-脱附平衡。

(3) 光催化反应过程

将上述反应体系置于模拟日光光源下，调节光源强度为 1 sun，保持反应体系的温度在 (25±2)℃范围内。

在反应过程中，每隔一定时间（如 20 min）从反应体系中取出 3 mL 反应液，迅速用 0.22 μm 的滤膜过滤，以去除未反应的催化剂颗粒，然后将滤液置于比色皿中，使用紫外-可见分光光度计在 664 nm 波长处测定 MB 溶液的吸光度变化。

通过记录不同时间点 MB 溶液的吸光度变化，计算降解率，评估 $ZnS/CuBi_2O_4$ 纳米复合材料在光催化降解亚甲基蓝中的性能。同时，记录反应体系的温度变化，确保实验条件稳定。反应时间为 120 min。

【数据记录】

将实验数据记录在表 3-26 相应位置中。

表 3-26　$ZnS/CuBi_2O_4$ 光催化降解亚甲基蓝性能测定

实验编号	催化剂用量/g	MB 溶液初始浓度/($mg \cdot L^{-1}$)	反应时间/min	MB 溶液吸光度(A_{664})	降解率/%	备注
1						
2						
3						
4						
5						
6						

注：1. 催化剂用量(g)：记录实验中加入的 $ZnS/CuBi_2O_4$ 纳米复合材料的质量。

2. MB 溶液初始浓度($mg \cdot L^{-1}$)：记录实验开始时 MB 溶液的浓度。

3. 反应时间(min)：记录每次取样时的反应时间。

4. MB 溶液吸光度(A_{664})：使用紫外-可见分光光度计在 664 nm 波长处测定 MB 溶液的吸光度。

5. 降解率(%)：根据吸光度变化计算 MB 的降解率，公式为：

$$降解率(\%)=(1-A_t/A_0)\times 100\%$$

式中，A_0 为反应前 MB 溶液的吸光度，A_t 为反应时间 t 时 MB 溶液的吸光度。

6. 备注：记录实验过程中出现的特殊情况或需要说明的问题。

【思考题】

1. 为什么 $ZnS/CuBi_2O_4$ 纳米复合材料比单独的 ZnS 或 $CuBi_2O_4$ 具有更高的光催化降解率？

2. 在光催化降解亚甲基蓝的实验中，如果将反应体系从模拟日光光源照射改为室内自然光照射，会对实验结果产生怎样的影响？

实验 39 镁铝水滑石及染料插层镁铝水滑石的合成研究

【实验目的】

1. 了解层状双氢氧化物的基本知识。
2. 掌握染料插层 MgAl-层状双金属氢氧化物的制备。

【实验原理】

层状双金属氢氧化物(LDH)的介绍见实验 31。LDH 最为典型的结构特征是，纳米级的层板纵向有序排列形成三维晶体结构，层板内原子间为共价键结合，层间通过弱的相互作用结合，如离子键、氢键等。LDH 由类似水镁石结构的纳米级层板和层间阴离子构成，通常在 LDH 层间尚存在着一些客体水分子。一般情况下层板呈六边形，径向尺寸为 20～60 nm。正因为 LDH 的这种特殊结构，水滑石展现出多种可调变性。LDH 具有主体层板金属离子组成可调变性、主体层板电荷密度及其分布可调变性、插层阴离子客体种类及数量可调变性、层内空间可调变性、主-客体相互作用可调变性等结构特点。充分利用以上各可调变性因素，可制备得到多种功能的层状结构纳米材料，该材料在多个领域得到广泛应用。

【试剂与仪器】

恒温水浴锅，磁力搅拌器，漏斗，四口烧瓶，搅拌桨，烧杯，玻璃棒，研钵，小坩埚，真空干燥箱，电动搅拌机，离心机，超声机，恒温水浴槽，三口烧瓶等。

罗丹明 B、$Mg(NO_3)_2 \cdot 6H_2O$、$Al(NO_3)_3 \cdot 9H_2O$、NaOH、Na_2CO_3、去离子水(去除 CO_2 的去离子水，以下简称去离子水)、无水乙醇，均为分析纯；高纯氮气。

【实验内容】

1. 镁铝水滑石的合成

① 称取 0.01 mol $Mg(NO_3)_2 \cdot 6H_2O$、0.005 mol $Al(NO_3)_3 \cdot 9H_2O$ 溶于 70 mL 去离子水中，组成 1 号液；称取 0.03 mol NaOH 溶于 70 mL 去离子水中，组成 2 号液。

② 取四口烧瓶一个，分液漏斗两个，搅拌桨一支，在四口烧瓶中提前加 30 mL 去离子水，开电动搅拌机搅拌，蠕动泵的两只管分别盛 1 号液和 2 号液，向四口烧瓶中滴加液体，滴加速度维持 pH 值在 8～9 之间，使用 pH 试纸检测 pH，控制滴速约一刻钟滴加完毕，实验控制在 80 ℃下恒温水浴和氮气的保护环境下进行。

③ 在 80 ℃下恒温水浴 4 h，离心、去离子水洗涤沉淀至溶液中性为止，真空干燥 6 h，研磨成细小颗粒。

2. 染料插层 LDHs 的合成

① 称取 0.01 mol $Mg(NO_3)_2 \cdot 6H_2O$、0.005 mol $Al(NO_3)_3 \cdot 9H_2O$ 溶于 70 mL 去离子水中，组成 1 号液；称取 0.01 mol 染料(罗丹明 B)、0.03 mol NaOH 溶于 70 mL 去离子水中，组成 2 号液。

② 取四口烧瓶一个，分液漏斗两个，搅拌桨一支，在四口烧瓶中提前加 30 mL 去离子

水，开电动搅拌机搅拌，蠕动泵的两只管分别盛 1 号液和 2 号液，向四口烧瓶中滴加液体，滴加速度维持 pH 值在 8～9 之间，使用 pH 试纸检测 pH，控制滴速约一刻钟滴加完毕，实验控制在 80 ℃恒温水浴和氮气的保护环境下进行。

③ 在 80 ℃下恒温水浴 4 h，离心、去离子水洗涤沉淀至溶液呈中性为止，真空干燥 6 h，研磨成细小颗粒。

【数据记录】

① 粉体的结晶性能使用岛津 XRD-6000 X 射线衍射仪测试。测试条件：加速电压为 40 kV，管电流为 50 mA，Cu 靶 K_α 射线(λ＝0.154056 nm)，扫描范围是 3°～70°，小角 XRD 扫描范围是 0.5°～10°，扫描速度是 10°/min。

② 样品的红外振动吸收通过德国布鲁克公司傅里叶变换红外光谱仪记录，测试的范围是 4000～400 cm^{-1}，分辨率是 4 cm^{-1}。采用溴化钾压片方式（样品和溴化钾的质量比是 1∶100）。

【思考题】

1. 实验为何要持续通 N_2？
2. 通过什么表征方法可以证明染料阴离子插层 LDH 成功？
3. 若插层的阴离子尺寸太大，有无其他办法可以让其进入层间？

实验 40　蛋白质分子印迹磁性纳米微球的制备及其对肌红蛋白的分离

【实验目的】

1. 掌握溶剂热法和溶胶-凝胶法制备磁性纳米微球($Fe_3O_4@SiO_2$)的技术。
2. 学习表面分子印迹技术合成肌红蛋白印迹磁性纳米材料(Myo-MIPs)的方法。
3. 探究 Myo-MIPs 对肌红蛋白的选择性吸附性能及实际应用潜力。
4. 熟悉紫外-可见分光光度计在蛋白质定量分析中的应用。

【实验原理】

以肌红蛋白(Myo)为模板分子，通过功能单体(丙烯酰胺，AAm) 和交联剂(N,N-亚甲基双丙烯酰胺，MBA)在磁性纳米微球表面聚合形成印迹空穴，去除模板后得到特异性识别位点。以 Fe_3O_4 为磁性内核，通过硅胶包覆(形成 $Fe_3O_4@SiO_2$ 核壳结构)和双键修饰[使用 3-(甲基丙烯酰氧基)丙基三甲氧基硅烷，MAPS]，实现快速磁分离。具体如下：

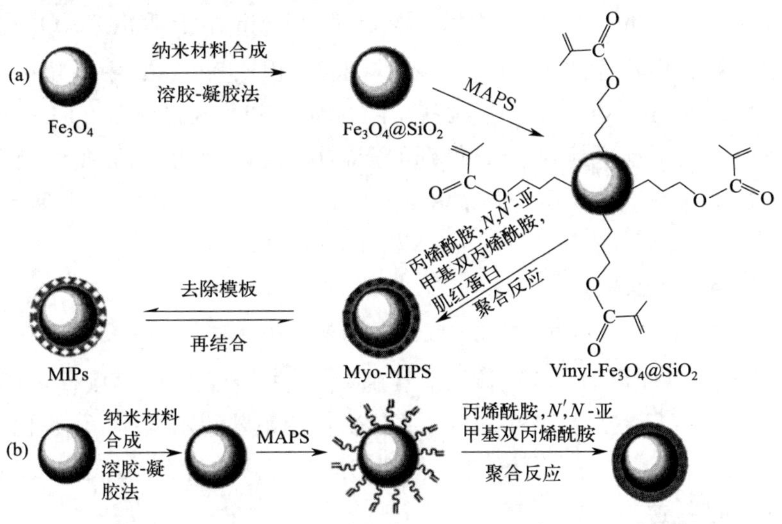

肌红蛋白印迹微球（Myo-MIPs）通过形状、孔径大小和化学作用特异性吸附肌红蛋白，非印迹微球（NIPs）作为对照验证选择性。具体如下：

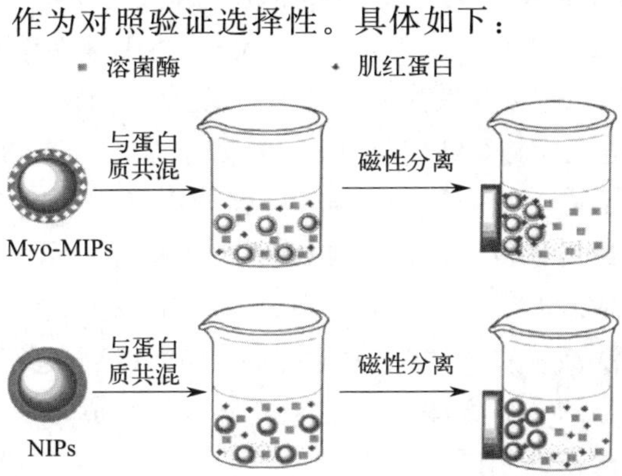

【试剂与仪器】

$FeCl_3 \cdot 6H_2O$，正硅酸乙酯(TEOS)，丙烯酰胺(AAm)，*N*,*N*-亚甲基双丙烯酰胺(MBA)，γ-甲基丙烯酰氧基丙基三甲氧基硅烷(MAPS)，肌红蛋白(Myo)，磷酸缓冲液(PBS，pH=6.2)，十二烷基磺酸钠(SDS)，无水乙酸钠，乙二醇，乙醇，HCl溶液，$NH_3 \cdot H_2O$，无水甲苯，三乙胺，甲醇，过硫酸铵(APS)，四甲基乙二胺(TEMAD)，醋酸，高纯氮气。

分析天平，超声波清洗器，恒温水浴锅。

【实验内容】

1. Fe_3O_4 磁性纳米微球的制备

称取1.35 g $FeCl_3 \cdot 6H_2O$ 和3.6 g无水乙酸钠，溶解于40 mL乙二醇中。转移至50 mL高压反应釜中，在200 ℃下反应4 h。产物用乙醇和去离子水交替洗涤各三次，在60 ℃下真空干燥4 h。

2. Fe_3O_4@SiO_2 核壳结构的制备

将0.1 g Fe_3O_4 用1 mol·L^{-1}的HCl溶液处理10 min用于活化 Fe_3O_4表面羟基，用去离子水洗涤三次。随后将其分散于200 mL乙醇-水(体积比为4∶1)中，超声20 min充分分散。机械搅拌下加入5 mL $NH_3 \cdot H_2O$，随后将200 μL TEOS稀释至20 mL的乙醇溶液中，滴加到反应体系中，在室温下搅拌4h，得到的产物用去离子水和乙醇超声交替洗涤各三次，使用外加磁场进行固液分离、倾析，最后在70 ℃真空干燥，得到的灰黑色产品即为 Fe_3O_4@SiO_2微球。

3. 双键修饰 Fe_3O_4@SiO_2

将200 mg Fe_3O_4@SiO_2 分散于150 mL无水甲苯中，超声20 min，加入3 mL MAPS，同时加入1 mL三乙胺作为催化剂，反应体系需要氮气保护，在200℃的条件下回流并机械搅拌保持4 h，反应结束后降至室温。磁性分离、并依次使用甲苯、乙醇-水(体积比为1∶1)、去离子水、甲醇洗涤，在60 ℃下真空干燥4 h，得到产品双键修饰的 Fe_3O_4@SiO_2 磁性纳米微球。

4. Myo-MIPs的合成

将150 mg双键修饰微球分散于120 mL PBS(pH=6.2，0.01 mol·L^{-1})中，超声10 min。称取1g AAm和50 mg MBA以及50 mg的肌红蛋白，将三者混合物溶解到30 mL的PBS(pH=6.2，0.01 mol·L^{-1})中，超声分散10 min。将上述两溶液混合后放入摇床中振摇2 h，用于单体与蛋白质的预组装，随后用高纯氮气多次吹扫。然后，向反应体系中滴加入2 mL 50 g·L^{-1}的引发剂过硫酸铵(APS)和100 μL四甲基乙二胺(TEMAD)，体系在室温且持续氮气保护下机械搅拌反应2 h。将反应最后得到的产品用去离子水进行充分洗涤以除去未反应的单体和交联剂。最后，得到的产品使用体积分数为10%的醋酸和100 g·L^{-1}十二烷基磺酸钠(SDS)溶液多次洗涤，以除去模板蛋白，直至洗脱液在408 nm波长检测下无紫外吸收，再用去离子水反复洗涤，在60 ℃下真空干燥4 h，得到最终的蛋白质分子印迹磁性纳米微球。同时，非印迹材料的合成方法与上述印迹材料的合成方法除了在反应过程中不加入模板分子肌红蛋白外其他操作都相同。

5. 吸附实验

将 3 mg Myo-MIPs/NIPs 加入 2 mL Myo PBS 溶液（0.1 $g \cdot L^{-1}$），吸附 30 min 后磁分离，测定上清液吸光度（408 nm），计算吸附量。

【数据记录】

将计算出的吸附量结果记录在表 3-27 中。

表 3-27 吸附量结果记录

项目	Myo-MIPs	NIPs
吸附量/($mg \cdot g^{-1}$)		

【思考题】

1. 为什么 Myo-MIPs 对肌红蛋白的吸附量高于 NIPs?
2. 如何验证聚合物成功修饰到磁性微球表面?

附录

附录 1　常用酸碱浓度

相对密度（15 ℃）	HCl 的浓度		HNO_3 的浓度		H_2SO_4 的浓度	
	g/100 g	mol•L^{-1}	g/100 g	mol•L^{-1}	g/100 g	mol•L^{-1}
1.02	4.1	1.2	3.7	0.6	3.1	0.3
1.04	8.2	2.3	7.3	1.2	6.1	0.6
1.05	10.2	2.9	9.0	1.5	7.4	0.8
1.06	12.2	3.5	10.7	1.8	8.8	0.9
1.08	16.2	4.8	13.9	2.4	11.6	1.3
1.10	20.0	6.0	17.1	3.0	14.4	1.6
1.12	23.8	7.3	20.2	3.6	17.0	2.0
1.14	27.7	8.7	23.3	4.2	19.9	2.3
1.15	29.6	9.3	24.8	4.5	20.9	2.5
1.19	37.2	12.2	30.9	5.8	26.0	3.2
1.20			32.3	6.2	27.3	3.4
1.25			39.3	7.9	33.4	4.3
1.30			47.5	9.8	39.2	5.2
1.35			55.8	12.0	44.8	6.2
1.40			65.3	14.5	50.1	7.2
1.42			69.8	15.7	52.2	7.6
1.45					55.0	8.2
1.50					59.8	9.2
1.55					64.3	10.2
1.60					68.7	11.2
1.65					73.0	12.3
1.70					77.2	13.4
1.84					95.6	18.0

相对密度（15 ℃）	NH_3 的浓度		NaOH 的浓度		KOH 的浓度	
	g/100 g	mol•L^{-1}	g/100 g	mol•L^{-1}	g/100 g	mol•L^{-1}
0.88	35.0	18.0				
0.90	28.3	15.0				
0.91	25.0	13.4				
0.92	21.8	11.8				
0.94	15.6	8.6				
0.96	9.9	5.6				
0.98	4.8	2.8				
1.05			4.5	1.3	5.5	1.0
1.10			9.0	2.5	10.9	2.1
1.15			13.5	3.9	16.1	3.3
1.20			18.0	5.4	21.2	4.5
1.25			22.5	7.0	26.1	5.8
1.30			27.0	8.8	30.9	7.2
1.35			31.8	10.7	35.5	8.5

附录 2　化学试剂分级

① 化学试剂的级别是以纯度及杂质含量的多少来划分的，一般可按纯度分为四个等级。

项目	试剂规格			
	优级纯	分析纯	化学纯	实验纯
等级	一级	二级	三级	四级
标签颜色	绿色	红色	蓝色	棕色或黄色或者其他颜色
等级符号	GR	AR	CP	LR
适用范围	这种试剂纯度很高，适用于精密分析，亦可作基准物质用	纯度较一级品略差，适用于多数分析，如配制滴定液，用于鉴别及杂质检查等	纯度较二级品相差较多，适用于工业日常生产分析	杂质含量较高，纯度较低，在分析工作中常用作辅助试剂（如产生或吸收气体，配制洗液等）

② 化学试剂按照实际的用途可分为以下类别。

名称	用途
国标试剂	该类试剂为我国国家标准规定的试剂，适用于检验、鉴定、检测
基准试剂	含量应该是 99.9%～100%。该类试剂可直接配制标准溶液的化学物质，也可用于标定其他非基准物质的标准溶液
教学试剂	可以满足教学目的，不至于造成化学反应现象偏差的一类试剂
指定级(ZD)试剂	该类试剂是按照用户要求的质量控制指标，为特定用户定做的化学试剂
色谱纯(GC)试剂	气相色谱分析专用。质量指标注重干扰气相色谱峰的杂质。主成分含量高
色谱纯(LC)试剂	用作液相色谱分析标准物质。质量指标注重干扰液相色谱峰的杂质。主成分含量高
指示剂(IND)	配制指示溶液用。质量指标为变色范围和变色敏感程度。适用于有机合成
生化试剂(BR)	配制生物化学检验试液和用于生化合成。质量指标注重生物活性杂质。可用于有机合成
生物染色剂(BS)	配制微生物标本染色液。质量指标注重生物活性杂质。可用于有机合成
光谱纯(SP)试剂	用于光谱分析。适用作分光光度计标准品、原子吸收光谱标准品、原子发射光谱标准品
电子纯(MOS)试剂	适用于电子产品生产中，电性杂质含量极低
高纯试剂(3N、4N、5N)	主成分含量分别为 99.9%、99.99%、99.999%以上
电泳试剂	质量指标注重电性杂质含量控制

附录 3　常见弱酸、弱碱在水中的解离常数

(1) 弱酸的解离常数（18～25℃）

弱酸	解离常数 $K_a^{\ominus}$	p$K_a^{\ominus}$	弱酸	解离常数 $K_a^{\ominus}$	p$K_a^{\ominus}$
H_3AsO_4	$K_{a1}^{\ominus}=6.5\times10^{-3}$;	2.19		$K_{a2}^{\ominus}=4.4\times10^{-3}$;	2.36
	$K_{a2}^{\ominus}=1.15\times10^{-7}$;	6.94		$K_{a3}^{\ominus}=2.5\times10^{-7}$;	6.60
	$K_{a3}^{\ominus}=3.2\times10^{-12}$	11.50		$K_{a4}^{\ominus}=5.6\times10^{-10}$	9.25
$HAsO_2$	6.0×10^{-10}	9.22	H_2SO_4	$K_{a2}^{\ominus}=1.2\times10^{-2}$	1.92
H_3BO_3	$K_{a1}^{\ominus}=5.8\times10^{-10}$	9.24	H_2SO_3	$K_{a1}^{\ominus}=1.29\times10^{-2}$;	1.89
H_2CO_3	$K_{a1}^{\ominus}=4.2\times10^{-7}$;	6.38		$K_{a2}^{\ominus}=6.3\times10^{-8}$	7.20
	$K_{a2}^{\ominus}=5.6\times10^{-11}$	10.25	H_2S	$K_{a1}^{\ominus}=8.9\times10^{-8}$;	7.05
HCN	4.9×10^{-10}	9.31		$K_{a2}^{\ominus}=1.2\times10^{-13}$	12.92
H_2CrO_4	$K_{a1}^{\ominus}=1.8\times10^{-1}$;	0.74	$H_2C_2O_4$(草酸)	$K_{a1}^{\ominus}=5.6\times10^{-2}$;	1.25
	$K_{a2}^{\ominus}=3.2\times10^{-7}$	6.49		$K_{a2}^{\ominus}=5.1\times10^{-5}$	4.29
HF	6.8×10^{-4}	3.17	HCOOH(甲酸)	1.7×10^{-4}	3.77
HNO_2	4.6×10^{-4}	3.33	HAc(乙酸)	1.8×10^{-5}	4.75
H_2O_2	2.4×10^{-12}	11.62	$CH_3CHOHCOOH$(乳酸)	1.4×10^{-4}	3.86
H_3PO_4	$K_{a1}^{\ominus}=6.9\times10^{-3}$;	2.16	EDTA	$K_{a1}^{\ominus}=1.3\times10^{-1}$	0.88
	$K_{a2}^{\ominus}=6.23\times10^{-8}$;	7.21		$K_{a2}^{\ominus}=3\times10^{-2}$	1.52
	$K_{a3}^{\ominus}=4.8\times10^{-13}$	12.32		$K_{a3}^{\ominus}=8.5\times10^{-3}$	2.07
$H_4P_2O_7$	$K_{a1}^{\ominus}=3.0\times10^{-2}$;	1.52		$K_{a4}^{\ominus}=1.8\times10^{-3}$	2.74

(2) 弱碱的解离常数(18～25 ℃)

弱碱	解离常数 $K_b^\ominus$	$pK_b^\ominus$
$NH_3 \cdot H_2O$	1.8×10^{-5}	4.74
CH_3NH_2(甲胺)	4.2×10^{-4}	3.38
$CH_3CH_2NH_2$(乙胺)	4.3×10^{-4}	3.37
$(CH_2)_6N_4$(六亚甲基四胺)	1.4×10^{-9}	8.85

附录 4 难溶强电解质的溶度积常数(18～25 ℃)

化学式	$K_{sp}^\ominus$	化学式	$K_{sp}^\ominus$
AgAc	1.94×10^{-3}	$Bi(OH)_3$	4.0×10^{-31}
Ag_3AsO_4	1.03×10^{-22}	BiI_3	7.71×10^{-19}
AgBr	4.95×10^{-13}	Bi_2S_3	1.0×10^{-97}
AgCl	1.77×10^{-10}	BiOCl	1.6×10^{-8}
Ag_2CO_3	8.1×10^{-12}	$BiONO_3$	4.1×10^{-5}
Ag_2CrO_4	1.12×10^{-12}	$CaCO_3$	2.80×10^{-9}
AgCN	5.97×10^{-17}	$CaC_2O_4 \cdot H_2O$	2.50×10^{-9}
$Ag_2Cr_2O_7$	2.0×10^{-7}	$CaCrO_4$	7.1×10^{-4}
$Ag_2C_2O_4$	3.4×10^{-11}	CaF_2	2.7×10^{-11}
$AgIO_3$	3.17×10^{-8}	$Ca(OH)_2$	5.5×10^{-6}
AgI	8.3×10^{-16}	$CaHPO_4$	1.8×10^{-7}
Ag_2MoO_4	2.8×10^{-12}	$Ca_3(PO_4)_2$(低温)	2.1×10^{-33}
$AgNO_2$	3.0×10^{-5}	$CaSO_4$	4.93×10^{-5}
Ag_3PO_4	1.40×10^{-16}	$Cd(OH)_2$(沉淀)	7.2×10^{-15}
Ag_2SO_4	1.40×10^{-5}	$Ce(OH)_3$	1.6×10^{-20}
Ag_2SO_3	1.50×10^{-14}	$Ce(OH)_4$	2.0×10^{-28}
AgSCN	1.03×10^{-12}	$Co(OH)_2$	5.92×10^{-15}
$Al(OH)_3$(无定形)	1.3×10^{-33}	$Co(OH)_3$	1.6×10^{-44}
AuCl	2.0×10^{-13}	$Cr(OH)_3$	6.3×10^{-31}
$AuCl_3$	3.2×10^{-25}	CuBr	6.27×10^{-9}
$BaCO_3$	8.1×10^{-9}	CuCl	1.2×10^{-6}
$BaCrO_4$	1.17×10^{-10}	CuCN	3.47×10^{-20}
BaF_2	1.82×10^{-7}	CuI	1.1×10^{-12}
BaC_2O_4	1.60×10^{-7}	CuSCN	4.8×10^{-13}
$Ba_3(PO_4)_2$	3.4×10^{-23}	$CuCO_3$	1.4×10^{-10}
$BaSO_4$	1.08×10^{-10}	$Cu(OH)_2$	2.2×10^{-20}
α-$Be(OH)_2$	6.92×10^{-22}	$Cu_2P_2O_7$	7.6×10^{-16}
$FeCO_3$	3.13×10^{-11}	$NiCO_3$	1.42×10^{-17}
$Fe(OH)_2$	3.7×10^{-15}	$Ni(OH)_2$(新)	5.48×10^{-16}
$Fe(OH)_3$	1.1×10^{-36}	$Pb(OH)_2$	1.43×10^{-20}
HgI_2	2.9×10^{-29}	$PbCO_3$	7.4×10^{-14}
$HgCO_3$	3.6×10^{-17}	$PbBr_2$	6.6×10^{-6}
$HgBr_2$	6.2×10^{-20}	$PbCl_2$	1.7×10^{-5}
Hg_2Cl_2	2.0×10^{-18}	$PbCrO_4$	2.8×10^{-13}
Hg_2CrO_4	2.0×10^{-9}	PbI_2	9.8×10^{-9}
Hg_2I_2	5.2×10^{-29}	$Pb(N_3)_2$(斜方)	2.0×10^{-9}
Hg_2SO_4	6.5×10^{-7}	$PbSO_4$	1.8×10^{-8}
$K_2[PtCl_6]$	7.48×10^{-6}	$Sn(OH)_2$	5.45×10^{-27}
Li_2CO_3	8.15×10^{-4}	$Sn(OH)_4$	1.0×10^{-56}

化学式	$K^{\ominus}_{sp}$	化学式	$K^{\ominus}_{sp}$
LiF	1.84×10^{-3}	$SrCO_3$	5.6×10^{-10}
Li_3PO_4	2.37×10^{-11}	$SrCrO_4$	2.2×10^{-5}
$MgCO_3$	6.8×10^{-6}	$SrSO_4$	3.2×10^{-7}
MgF_2	7.4×10^{-11}	TlCl	1.86×10^{-4}
$Mg(OH)_2$	5.16×10^{-12}	TlI	5.54×10^{-8}
$Mg_3(PO_4)_2$	1.04×10^{-24}	$Tl(OH)_3$	1.68×10^{-44}
$MnCO_3$	2.24×10^{-11}	$ZnCO_3$	1.46×10^{-10}
$Mn(OH)_2$(无定形)	2.1×10^{-13}	$Zn(OH)_2$	3.0×10^{-17}

附录 5 常见离子和化合物的颜色(18～25 ℃)

(1) 常见离子颜色

离子	颜色描述
Cu^{2+}(铜离子)	蓝色。这是铜离子在水溶液中的典型颜色,如硫酸铜溶液
Fe^{2+}(亚铁离子)	浅绿色。亚铁离子在水溶液中呈现浅绿色,如硫酸亚铁溶液
Fe^{3+}(铁离子)	淡紫色,但在水溶液中通常呈现棕黄色。铁离子因其较高的氧化态而具有不同的颜色表现
Mn^{2+}(锰离子)	浅粉色。锰离子在水溶液中的颜色较为独特,呈现出浅粉色
Co^{2+}(钴离子)	粉色。钴离子同样具有鲜艳的颜色,其水溶液呈现粉色
Ni^{2+}(镍离子)	绿色。镍离子在水溶液中的颜色为绿色,与亚铁离子相似但略有不同
Cr^{3+}(铬离子)	绿色。铬离子在水溶呈现绿色,但在不同条件下可能有所变化
Cd^{2+}(镉离子)	蓝绿色。镉离子在水溶液中的颜色较为特殊,呈现蓝绿色
Au^{3+}(金离子)	金黄色。但需注意,金离子在水溶液中并不稳定,且实际中更常见的是金的其他化合物形式
MnO_4^-(高锰酸根离子)	紫红色。高锰酸根离子因其强氧化性而具有鲜艳的颜色
MnO_4^{2-}(锰酸根离子)	墨绿色。锰酸根离子的颜色与高锰酸根离子不同,呈现墨绿色
CrO_4^{2-}(铬酸根离子)	黄色。铬酸根离子在水溶液中呈现黄色
$Cr_2O_7^{2-}$(重铬酸根离子)	橙色。重铬酸根离子因其分子结构复杂而呈现橙色

(2) 常见化合物颜色

化合物	颜色描述
$Cu(OH)_2$	浅蓝色。氢氧化铜是一种蓝色固体,常用于制备蓝色颜料
$Fe(OH)_3$	红褐色。$Fe(OH)_2$ 为白色,在空气中易被氧化成 $Fe(OH)_3$
$Co(OH)_3$	褐色。$Co(OH)_2$ 为粉红色,在空气中易被氧化成 $Co(OH)_3$
$Ni(OH)_3$	黑色。$Ni(OH)_2$ 为浅绿色
$Cr(OH)_3$	灰绿色
$MnSO_4 \cdot 5H_2O$	粉红色
$CuSO_4 \cdot 5H_2O$	蓝色。五水硫酸铜晶体是一种蓝色晶体,常在实验室中作为试剂使用
Ag_3PO_4	黄色
$CoCl_2$	蓝色。$CoCl_2 \cdot 6H_2O$ 为粉红色
CuI	白色
$FeCl_3 \cdot 6H_2O$	黄棕色固体。氯化铁固态时呈现黄棕色,其水溶液则因铁离子的水解而呈现黄色或棕黄色
高锰酸钾($KMnO_4$)	紫黑色固体。高锰酸钾是一种强氧化剂,其晶体呈现紫黑色
氯水(Cl_2/H_2O)	浅黄绿色。氯气的水溶液,主要包括 Cl_2、HClO、Cl^- 等
溴水(Br_2/H_2O)	橙色。溴水是指溴单质溶解在水中的溶液,呈现橙色
碘水(I_2/H_2O)	黄褐色。浓度高的碘水与其在四氯化碳溶液中的颜色类似,呈紫红色

附录 6　标准电极电势（298.15 K）

电极反应 氧化型$+ze^- \rightleftharpoons$还原型	$E^{\ominus}$/V
$Li^+(aq)+e^- \rightleftharpoons Li(s)$	−3.040
$Cs^+(aq)+e^- \rightleftharpoons Cs(s)$	−3.026
$Rb^+(aq)+e^- \rightleftharpoons Rb(s)$	−2.980
$K^+(aq)+e^- \rightleftharpoons K(s)$	−2.931
$Ra^{2+}(aq)+2e^- \rightleftharpoons Ra(s)$	−2.800
$Ba^{2+}(aq)+2e^- \rightleftharpoons Ba(s)$	−2.912
$Sr^{2+}(aq)+2e^- \rightleftharpoons Sr(s)$	−2.899
$Ca^{2+}(aq)+2e^- \rightleftharpoons Ca(s)$	−2.868
$Na^+(aq)+e^- \rightleftharpoons Na(s)$	−2.710
$La^{3+}(aq)+3e^- \rightleftharpoons La(s)$	−2.379
$Mg^{2+}(aq)+2e^- \rightleftharpoons Mg(s)$	−2.372
$Sc^{3+}(aq)+3e^- \rightleftharpoons Sc(s)$	−2.077
$Be^{2+}(aq)+2e^- \rightleftharpoons Be(s)$	−1.847
$Al^{3+}(aq)+3e^- \rightleftharpoons Al(s)$	−1.676
$[SiF_6]^{2-}(aq)+4e^- \rightleftharpoons Si(s)+6F^-(aq)$	−1.24
$Mn^{2+}(aq)+2e^- \rightleftharpoons Mn(s)$	−1.185
$SO_4^{2-}(aq)+H_2O+2e^- \rightleftharpoons SO_3^{2-}(aq)+2OH^-(aq)$	−0.93
$Fe(OH)_2(s)+2e^- \rightleftharpoons Fe(s)+2OH^-(aq)$	−0.8914
$H_3BO_3(s)+3H^+(aq)+3e^- \rightleftharpoons B(s)+3H_2O(l)$	−0.8698
$Zn^{2+}(aq)+2e^- \rightleftharpoons Zn(s)$	−0.7618
$Cr^{3+}(aq)+3e^- \rightleftharpoons Cr(s)$	−0.744
$2CO_2(g)+2H^+(aq)+2e^- \rightleftharpoons HCOOH(aq)$	−0.199
$2SO_3^{2-}(aq)+3H_2O(l)+4e^- \rightleftharpoons S_2O_3^{2-}(aq)+6OH^-(aq)$	−0.571
$Ga^{3+}(aq)+3e^- \rightleftharpoons Ga(s)$	−0.549
$Fe(OH)_3(s)+e^- \rightleftharpoons Fe(OH)_2(s)+OH^-(aq)$	−0.56
$Sb(s)+3H^+(aq)+3e^- \rightleftharpoons SbH_3(g)$	−0.510
$S(s)+2e^- \rightleftharpoons S^{2-}(aq)$	−0.476
$Fe^{2+}(aq)+2e^- \rightleftharpoons Fe(s)$	−0.447
$In^{3+}(aq)+2e^- \rightleftharpoons In^+(aq)$	−0.443
$[Ag(CN)_2]^-(aq)+e^- \rightleftharpoons Ag(s)+2CN^-(aq)$	−0.4073
$Cr^{3+}(aq)+e^- \rightleftharpoons Cr^{2+}(aq)$	−0.407
$Cd^{2+}(aq)+2e^- \rightleftharpoons Cd(s)$	−0.4030
$PbI_2(s)+2e^- \rightleftharpoons Pb(s)+2I^-(aq)$	−0.365
$Cu_2O(s)+H_2O(l)+2e^- \rightleftharpoons 2Cu(s)+2OH^-(aq)$	−0.360
$PbSO_4(s)+2e^- \rightleftharpoons Pb(s)+SO_4^{2-}(aq)$	−0.3505
$In^{3+}(aq)+3e^- \rightleftharpoons In(s)$	−0.3382
$Tl^+(aq)+e^- \rightleftharpoons Tl(s)$	−0.336
$Co^{2+}(aq)+2e^- \rightleftharpoons Co(s)$	−0.280
$PbBr_2(s)+2e^- \rightleftharpoons Pb(s)+2Br^-(aq)$	−0.284
$PbCl_2(s)+2e^- \rightleftharpoons Pb(s)+2Cl^-(aq)$	−0.2675
$Ni^{2+}(aq)+2e^- \rightleftharpoons Ni(s)$	−0.257
$CuI(s)+e^- \rightleftharpoons Cu(s)+I^-(aq)$	−0.185
$AgI(s)+e^- \rightleftharpoons Ag(s)+I^-(aq)$	−0.1522
$Sn^{2+}(aq)+2e^- \rightleftharpoons Sn(s)$	−0.1375
$Pb^{2+}(aq)+2e^- \rightleftharpoons Pb(s)$	−0.1205
$In^+(aq)+e^- \rightleftharpoons In(s)$	−0.14

电极反应 氧化型 + ze^- ⇌ 还原型	$E^{\ominus}$/V
$CrO_4^{2-}(aq)+4H_2O(l)+3e^- \rightleftharpoons Cr(OH)_3(aq)+5OH^-(aq)$	−0.13
$Se(s)+2H^+(aq)+2e^- \rightleftharpoons H_2Se(aq)$	−0.082
$WO_3(s)+6H^+(aq)+6e^- \rightleftharpoons W(s)+3H_2O(l)$	−0.090
$2Cu(OH)_2(s)+2e^- \rightleftharpoons Cu_2O(s)+2OH^-(aq)+H_2O(l)$	−0.08
$MnO_2(s)+2H_2O(l)+2e^- \rightleftharpoons Mn(OH)_2$(无定形)$+2OH^-(aq)$	−0.05
$[HgI_4]^{2-}(aq)+2e^- \rightleftharpoons Hg(l)+4I^-(aq)$	−0.038
$AgCN(s)+e^- \rightleftharpoons Ag(s)+CN^-(aq)$	−0.017
$2H^+(aq)+2e^- \rightleftharpoons H_2(g)$	0
$NO_3^-(aq)+H_2O(l)+2e^- \rightleftharpoons NO_2^-(aq)+2OH^-(aq)$	0.01
$S_4O_6^{2-}(aq)+2e^- \rightleftharpoons 2S_2O_3^{2-}(aq)$	0.08
$AgBr(s)+e^- \rightleftharpoons Ag(s)+Br^-(aq)$	0.0713
$S(s)+2H^+(aq)+2e^- \rightleftharpoons H_2S(g)$	0.142
$Sn^{4+}(aq)+2e^- \rightleftharpoons Sn^{2+}(g)$	0.151
$SO_4^{2-}(aq)+4H^+(aq)+2e^- \rightleftharpoons H_2SO_3(aq)+H_2O(l)$	0.172
$Cu^{2+}(aq)+e^- \rightleftharpoons Cu^+(aq)$	0.153
$AgCl(s)+e^- \rightleftharpoons Ag(s)+Cl^-(aq)$	0.2223
$[HgBr_4]^{2-}(aq)+2e^- \rightleftharpoons Hg(l)+4Br^-(aq)$	0.223
$HAsO_2(aq)+3H^+(aq)+3e^- \rightleftharpoons As(s)+2H_2O(l)$	0.248
$PbO_2(s)+H_2O(l)+2e^- \rightleftharpoons PbO$(s,黄色)$+2OH^-(aq)$	0.247
$Hg_2Cl_2(s)+2e^- \rightleftharpoons 2Hg(l)+2Cl^-(aq)$	0.2681
$BiO^+(aq)+2H^+(aq)+3e^- \rightleftharpoons Bi(s)+H_2O(l)$	0.320
$Cu^{2+}(aq)+2e^- \rightleftharpoons Cu(s)$	0.3419
$Ag_2O(s)+H_2O(l)+2e^- \rightleftharpoons 2Ag(s)+2OH^-(aq)$	0.342
$[Fe(CN)_6]^{3-}(aq)+e^- \rightleftharpoons [Fe(CN)_6]^{4-}(aq)$	0.358
$ClO_4^-(aq)+H_2O(l)+2e^- \rightleftharpoons ClO_3^-(aq)+2OH^-(aq)$	0.36
$[Ag(NH_3)_2]^+(aq)+e^- \rightleftharpoons Ag(s)+2NH_3(g)$	0.373
$O_2(g)+2H_2O(l)+4e^- \rightleftharpoons 4OH^-(aq)$	0.401
$2H_2SO_3(aq)+2H^+(aq)+4e^- \rightleftharpoons S_2O_3^{2-}(aq)+3H_2O(l)$	0.400
$Ag_2CrO_4(s)+2e^- \rightleftharpoons 2Ag(s)+CrO_4^{2-}(aq)$	0.4470
$2BrO^-(aq)+2H_2O(l)+2e^- \rightleftharpoons Br_2(l)+4OH^-(aq)$	0.45
$H_2SO_3(aq)+4H^+(aq)+4e^- \rightleftharpoons S(s)+3H_2O(l)$	0.449
$Cu^+(aq)+e^- \rightleftharpoons Cu(s)$	0.5210
$TeO_2(s)+4H^+(aq)+4e^- \rightleftharpoons Te(s)+2H_2O(l)$	0.593
$I_2(s)+2e^- \rightleftharpoons 2I^-(aq)$	0.5355
$MnO_4^-(aq)+e^- \rightleftharpoons MnO_4^{2-}(aq)$	0.558
$H_3AsO_4(aq)+2H^+(aq)+2e^- \rightleftharpoons H_3AsO_3(aq)+H_2O(l)$	0.560
$MnO_4^-(aq)+2H_2O(l)+3e^- \rightleftharpoons MnO_2(s)+4OH^-(aq)$	0.595
$BrO_3^-(aq)+3H_2O(l)+6e^- \rightleftharpoons Br^-(aq)+6OH^-(aq)$	0.610
$MnO_4^{2-}(aq)+2H_2O(l)+2e^- \rightleftharpoons MnO_2(s)+4OH^-(aq)$	0.60
$2HgCl_2(s)+2e^- \rightleftharpoons Hg_2Cl_2(s)+2Cl^-(aq)$	0.63
$ClO_2^-(aq)+H_2O(l)+2e^- \rightleftharpoons ClO^-(aq)+2OH^-(aq)$	0.66
$O_2(g)+2H^+(aq)+2e^- \rightleftharpoons H_2O_2(aq)$	0.695
$[PtCl_4]^{2-}(aq)+2e^- \rightleftharpoons Pt(s)+4Cl^-(aq)$	0.755
$Fe^{3+}(aq)+e^- \rightleftharpoons Fe^{2+}(aq)$	0.771
$Hg_2^{2+}(aq)+2e^- \rightleftharpoons 2Hg(l)$	0.7973
$Ag^+(aq)+e^- \rightleftharpoons Ag(s)$	0.7996
$NO_3^-(aq)+2H^+(aq)+e^- \rightleftharpoons NO_2(g)+H_2O(l)$	0.80
$ClO^-(aq)+H_2O(l)+2e^- \rightleftharpoons Cl^-(aq)+2OH^-(aq)$	0.81
$Hg^{2+}(aq)+2e^- \rightleftharpoons Hg(l)$	0.851

续表

电极反应 氧化型$+ze^- \rightleftharpoons$还原型	$E^{\ominus}/V$
$2Hg^{2+}(aq)+2e^- \rightleftharpoons Hg_2^{2+}(aq)$	0.920
$NO_3^-(aq)+3H^+(aq)+2e^- \rightleftharpoons HNO_2(aq)+H_2O(l)$	0.934
$ClO_2(aq)+e^- \rightleftharpoons ClO_2^-(aq)$	0.954
$NO_3^-(aq)+4H^+(aq)+3e^- \rightleftharpoons NO(g)+2H_2O(l)$	0.957
$HNO_2(aq)+H^+(aq)+e^- \rightleftharpoons NO(g)+H_2O(l)$	0.983
$NO_2(g)+H^+(aq)+e^- \rightleftharpoons HNO_2(aq)$	1.07
$Br_2(l)+2e^- \rightleftharpoons 2Br^-(aq)$	1.066
$Cu^{2+}(aq)+2CN^-(aq)+e^- \rightleftharpoons [Cu(CN)_2]^-(aq)$	1.103
$2IO_3^-(aq)+12H^+(aq)+10e^- \rightleftharpoons I_2(s)+6H_2O(l)$	1.195
$ClO_4^-(aq)+2H^+(aq)+2e^- \rightleftharpoons ClO_3^-(aq)+H_2O(l)$	1.198
$ClO_3^-(aq)+3H^+(aq)+2e^- \rightleftharpoons HClO_2(aq)+H_2O(l)$	1.214
$MnO_2(aq)+4H^+(aq)+2e^- \rightleftharpoons Mn^{2+}(aq)+2H_2O(l)$	1.224
$O_2(g)+4H^+(aq)+4e^- \rightleftharpoons 2H_2O(l)$	1.229
$O_3(g)+H_2O(l)+2e^- \rightleftharpoons O_2(g)+2OH^-(aq)$	1.24
$Tl^{3+}(aq)+2e^- \rightleftharpoons Tl^+(aq)$	1.252
$ClO_2(aq)+H^+(aq)+e^- \rightleftharpoons HClO_2(aq)$	1.277
$2HNO_2(aq)+4H^+(aq)+4e^- \rightleftharpoons N_2O(g)+3H_2O(l)$	1.297
$Cl_2(g)+2e^- \rightleftharpoons 2Cl^-(aq)$	1.358
$Cr_2O_7^{2-}(aq)+14H^+(aq)+6e^- \rightleftharpoons 2Cr^{3+}(aq)+7H_2O(l)$	1.36
$2BrO_3^-(aq)+12H^+(aq)+10e^- \rightleftharpoons Br_2(l)+6H_2O(l)$	1.428
$2HIO(aq)+2H^+(aq)+2e^- \rightleftharpoons I_2(s)+2H_2O(l)$	1.439
$PbO_2(s)+4H^+(aq)+2e^- \rightleftharpoons Pb^{2+}(aq)+2H_2O(l)$	1.455
$Au^{3+}(aq)+3e^- \rightleftharpoons Au(s)$	1.498
$MnO_4^-(aq)+8H^+(aq)+5e^- \rightleftharpoons Mn^{2+}(aq)+4H_2O(l)$	1.507
$Mn^{3+}(aq)+e^- \rightleftharpoons Mn^{2+}(aq)$	1.541
$2HBrO(aq)+2H^+(aq)+2e^- \rightleftharpoons Br_2(l)+2H_2O(l)$	1.574
$H_5IO_6(aq)+H^+(aq)+2e^- \rightleftharpoons IO_3^-(aq)+3H_2O(l)$	1.601
$2HClO(aq)+2H^+(aq)+2e^- \rightleftharpoons Cl_2(g)+2H_2O(l)$	1.611
$HClO_2(aq)+2H^+(aq)+2e^- \rightleftharpoons HClO(aq)+H_2O(l)$	1.645
$Au^+(aq)+e^- \rightleftharpoons Au(s)$	1.692
$MnO_4^-(aq)+4H^+(aq)+3e^- \rightleftharpoons MnO_2(s)+2H_2O(l)$	1.697
$H_2O_2(aq)+2H^+(aq)+2e^- \rightleftharpoons 2H_2O(l)$	1.776
$Co^{3+}(aq)+e^- \rightleftharpoons Co^{2+}(aq)$	1.92
$Ag^{2+}(aq)+e^- \rightleftharpoons Ag^+(aq)$	1.980
$S_2O_8^{2-}(aq)+2e^- \rightleftharpoons 2SO_4^{2-}(aq)$	2.010
$O_3(g)+2H^+(aq)+2e^- \rightleftharpoons O_2(g)+H_2O(l)$	2.076
$F_2(g)+2e^- \rightleftharpoons 2F^-(aq)$	2.866
$F_2(g)+2H^+(aq)+2e^- \rightleftharpoons 2HF(aq)$	3.053

参考文献

[1] 冯丽娟．无机化学实验．4版．青岛：中国海洋大学出版社，2022.

[2] 赵新华．无机化学实验．4版．北京：高等教育出版社，2014.

[3] 展树中，王湘利，陈彩虹．无机化学实验．2版．北京：化学工业出版社，2022.

[4] 冯建成，尹学琼，朱莉．无机化学实验．2版．北京：化学工业出版社，2021.

[5] 李青云，王凡．大学无机化学实验．2版．北京：化学工业出版社，2023.

[6] 李月云，张慧，王平，等．无机化学实验．2版．北京：化学工业出版社，2017.

[7] 龚银香，童金强．无机及分析化学实验．2版．北京：化学工业出版社，2017.

[8] 周文峰，鲁润华．定量分析化学实验．北京：化学工业出版社，2017.

[9] 高松．普通化学．北京：北京大学出版社，2013.

[10] Housecroft C E，Sharpe A G. Inorganic Chemistry. 5th ed. Harlow，England：Pearson，2018.

元素周期表

IUPAC 2013

图例	95 Am 镅▲ $5f^77s^2$ 243.06138(2)✦ (+2 +3 +4 +5 +6)
原子序数	95
元素符号(红色的为放射性元素)	Am
元素名称(注▲的为人造元素)	镅▲
价层电子构型	$5f^77s^2$
氧化态(单质的氧化态为0，未列入；常见的为红色)	+2 +3 +4 +5 +6
以 ^{12}C=12为基准的原子量(注✦的是半衰期最长同位素的原子量)	243.06138(2)✦

s区元素　p区元素　d区元素　ds区元素　f区元素　稀有气体

族 / 周期	1 ⅠA	2 ⅡA	3 ⅢB	4 ⅣB	5 ⅤB	6 ⅥB	7 ⅦB	8 ⅧB(Ⅷ)	9 ⅧB(Ⅷ)	10 ⅧB(Ⅷ)	11 ⅠB	12 ⅡB	13 ⅢA	14 ⅣA	15 ⅤA	16 ⅥA	17 ⅦA	18 ⅧA(0)	电子层
1	1 H 氢 $1s^1$ 1.008 −1 +1																	2 He 氦 $1s^2$ 4.002602(2)	K
2	3 Li 锂 $2s^1$ 6.94 +1	4 Be 铍 $2s^2$ 9.0121831(5) +2											5 B 硼 $2s^22p^1$ 10.81 +3	6 C 碳 $2s^22p^2$ 12.011 −4 +2 +4	7 N 氮 $2s^22p^3$ 14.007 −3 −2 −1 +1 +2 +3 +4 +5	8 O 氧 $2s^22p^4$ 15.999 −2 −1	9 F 氟 $2s^22p^5$ 18.998403163(6) −1	10 Ne 氖 $2s^22p^6$ 20.1797(6)	L K
3	11 Na 钠 $3s^1$ 22.98976928(2) −1 +1	12 Mg 镁 $3s^2$ 24.305 +2											13 Al 铝 $3s^23p^1$ 26.9815385(7) +3	14 Si 硅 $3s^23p^2$ 28.085 −4 +2 +4	15 P 磷 $3s^23p^3$ 30.973761998(5) −3 −2 +1 +3 +5	16 S 硫 $3s^23p^4$ 32.06 −2 +2 +4 +6	17 Cl 氯 $3s^23p^5$ 35.45 −1 +1 +3 +5 +7	18 Ar 氩 $3s^23p^6$ 39.948(1)	M L K
4	19 K 钾 $4s^1$ 39.0983(1) −1 +1	20 Ca 钙 $4s^2$ 40.078(4) +2	21 Sc 钪 $3d^14s^2$ 44.955908(5) +3	22 Ti 钛 $3d^24s^2$ 47.867(1) −1 0 +2 +3 +4	23 V 钒 $3d^34s^2$ 50.9415(1) 0 ±1 +2 +3 +4 +5	24 Cr 铬 $3d^54s^1$ 51.9961(6) −3 0 ±1 ±2 +3 +4 +5 +6	25 Mn 锰 $3d^54s^2$ 54.938044(3) −2 0 ±1 +2 ±3 +4 +5 +6 +7	26 Fe 铁 $3d^64s^2$ 55.845(2) −2 0 ±1 +2 +3 +4 +5 +6	27 Co 钴 $3d^74s^2$ 58.933194(4) 0 ±1 +2 +3 +4 +5	28 Ni 镍 $3d^84s^2$ 58.6934(4) 0 ±1 +2 +3 +4	29 Cu 铜 $3d^{10}4s^1$ 63.546(3) +1 +2 +3 +4	30 Zn 锌 $3d^{10}4s^2$ 65.38(2) +1 +2	31 Ga 镓 $4s^24p^1$ 69.723(1) +1 +3	32 Ge 锗 $4s^24p^2$ 72.630(8) +2 +4	33 As 砷 $4s^24p^3$ 74.921595(6) −3 +3 +5	34 Se 硒 $4s^24p^4$ 78.971(8) −2 +2 +4 +6	35 Br 溴 $4s^24p^5$ 79.904 −1 +1 +3 +5 +7	36 Kr 氪 $4s^24p^6$ 83.798(2) +2 +4	N M L K
5	37 Rb 铷 $5s^1$ 85.4678(3) −1 +1	38 Sr 锶 $5s^2$ 87.62(1) +2	39 Y 钇 $4d^15s^2$ 88.90584(2) +3	40 Zr 锆 $4d^25s^2$ 91.224(2) +1 +2 +3 +4	41 Nb 铌 $4d^45s^1$ 92.90637(2) 0 ±1 +2 +3 +4 +5	42 Mo 钼 $4d^55s^1$ 95.95(1) 0 ±1 ±2 +3 +4 +5 +6	43 Tc 锝▲ $4d^55s^2$ 97.90721(3)✦ 0 ±1 +2 +3 +4 +5 +6 +7	44 Ru 钌 $4d^75s^1$ 101.07(2) 0 +1 ±2 +3 +4 +5 +6 +7 +8	45 Rh 铑 $4d^85s^1$ 102.90550(2) 0 ±1 +2 +3 +4 +5 +6	46 Pd 钯 $4d^{10}$ 106.42(1) 0 +1 +2 +3 +4	47 Ag 银 $4d^{10}5s^1$ 107.8682(2) +1 +2 +3	48 Cd 镉 $4d^{10}5s^2$ 112.414(4) +1 +2	49 In 铟 $5s^25p^1$ 114.818(1) +1 +3	50 Sn 锡 $5s^25p^2$ 118.710(7) +2 +4	51 Sb 锑 $5s^25p^3$ 121.760(1) −3 +3 +5	52 Te 碲 $5s^25p^4$ 127.60(3) −2 +2 +4 +6	53 I 碘 $5s^25p^5$ 126.90447(3) −1 +1 +3 +5 +7	54 Xe 氙 $5s^25p^6$ 131.293(6) +2 +4 +6 +8	O N M L K
6	55 Cs 铯 $6s^1$ 132.90545196(6) −1 +1	56 Ba 钡 $6s^2$ 137.327(7) +2	57~71 La~Lu 镧系	72 Hf 铪 $5d^26s^2$ 178.49(2) +1 +2 +3 +4	73 Ta 钽 $5d^36s^2$ 180.94788(2) 0 ±1 +2 +3 +4 +5	74 W 钨 $5d^46s^2$ 183.84(1) 0 ±1 ±2 +3 +4 +5 +6	75 Re 铼 $5d^56s^2$ 186.207(1) 0 ±1 +2 +3 +4 +5 +6 +7	76 Os 锇 $5d^66s^2$ 190.23(3) 0 +1 +2 +3 +4 +5 +6 +7 +8	77 Ir 铱 $5d^76s^2$ 192.217(3) 0 ±1 +2 +3 +4 +5 +6	78 Pt 铂 $5d^96s^1$ 195.084(9) 0 +2 +3 +4 +5 +6	79 Au 金 $5d^{10}6s^1$ 196.966569(5) +1 +2 +3 +5	80 Hg 汞 $5d^{10}6s^2$ 200.592(3) +1 +2 +3	81 Tl 铊 $6s^26p^1$ 204.38 +1 +3	82 Pb 铅 $6s^26p^2$ 207.2(1) +2 +4	83 Bi 铋 $6s^26p^3$ 208.98040(1) −3 +3 +5	84 Po 钋 $6s^26p^4$ 208.98243(2)✦ −2 +2 +3 +4 +6	85 At 砹 $6s^26p^5$ 209.98715(5)✦ ±1 +5 +7	86 Rn 氡 $6s^26p^6$ 222.01758(2)✦ +2	P O N M L K
7	87 Fr 钫▲ $7s^1$ 223.01974(2)✦ +1	88 Ra 镭 $7s^2$ 226.02541(2)✦ +2	89~103 Ac~Lr 锕系	104 Rf 𬬻▲ $6d^27s^2$ 267.122(4)✦	105 Db 𬭊▲ $6d^37s^2$ 270.131(4)✦	106 Sg 𬭳▲ $6d^47s^2$ 269.129(3)✦	107 Bh 𬭛▲ $6d^57s^2$ 270.133(2)✦	108 Hs 𬭶▲ $6d^67s^2$ 270.134(2)✦	109 Mt 鿏▲ $6d^77s^2$ 278.156(5)✦	110 Ds 𫟼▲ 281.165(4)✦	111 Rg 𬬭▲ 281.166(6)✦	112 Cn 鿔▲ 285.177(4)✦	113 Nh 鿭▲ 286.182(5)✦	114 Fl 𫓧▲ 289.190(4)✦	115 Mc 镆▲ 289.194(6)✦	116 Lv 𫟷▲ 293.204(4)✦	117 Ts 鿬▲ 293.208(6)✦	118 Og 鿫▲ 294.214(5)✦	Q P O N M L K

	57	58	59	60	61	62	63	64	65	66	67	68	69	70	71
★ 镧系	57 La ★ 镧 $5d^16s^2$ 138.90547(7) +3	58 Ce 铈 $4f^15d^16s^2$ 140.116(1) +2 +3 +4	59 Pr 镨 $4f^36s^2$ 140.90766(2) +3 +4	60 Nd 钕 $4f^46s^2$ 144.242(3) +2 +3 +4	61 Pm 钷▲ $4f^56s^2$ 144.91276(2)✦ +3	62 Sm 钐 $4f^66s^2$ 150.36(2) +2 +3	63 Eu 铕 $4f^76s^2$ 151.964(1) +2 +3	64 Gd 钆 $4f^75d^16s^2$ 157.25(3) +3	65 Tb 铽 $4f^96s^2$ 158.92535(2) +3 +4	66 Dy 镝 $4f^{10}6s^2$ 162.500(1) +3 +4	67 Ho 钬 $4f^{11}6s^2$ 164.93033(2) +3	68 Er 铒 $4f^{12}6s^2$ 167.259(3) +3	69 Tm 铥 $4f^{13}6s^2$ 168.93422(2) +2 +3	70 Yb 镱 $4f^{14}6s^2$ 173.045(10) +2 +3	71 Lu 镥 $4f^{14}5d^16s^2$ 174.9668(1) +3
★ 锕系	89 Ac ★ 锕 $6d^17s^2$ 227.02775(2)✦ +3	90 Th 钍 $6d^27s^2$ 232.0377(4) +3 +4	91 Pa 镤 $5f^26d^17s^2$ 231.03588(2) +3 +4 +5	92 U 铀 $5f^36d^17s^2$ 238.02891(3) +2 +3 +4 +5 +6	93 Np 镎 $5f^46d^17s^2$ 237.04817(2)✦ +3 +4 +5 +6 +7	94 Pu 钚 $5f^67s^2$ 244.06421(4)✦ +3 +4 +5 +6 +7	95 Am 镅▲ $5f^77s^2$ 243.06138(2)✦ +2 +3 +4 +5 +6	96 Cm 锔▲ $5f^76d^17s^2$ 247.07035(3)✦ +3 +4	97 Bk 锫▲ $5f^97s^2$ 247.07031(4)✦ +3 +4	98 Cf 锎▲ $5f^{10}7s^2$ 251.07959(3)✦ +2 +3 +4	99 Es 锿▲ $5f^{11}7s^2$ 252.0830(3)✦ +2 +3	100 Fm 镄▲ $5f^{12}7s^2$ 257.09511(5)✦ +2 +3	101 Md 钔▲ $5f^{13}7s^2$ 258.09843(3)✦ +2 +3	102 No 锘▲ $5f^{14}7s^2$ 259.1010(7)✦ +2 +3	103 Lr 铹▲ $5f^{14}6d^17s^2$ 262.110(2)✦ +3